JN109615

私はエコアナウンサー

～ＳＤＧｓをジブンゴトに～

櫻田彩子

本の泉社

はじめに

エコアナウンサーって何？　聞きなれない言葉に戸惑われたかもしれませんね。フリーアナウンサーは多いけれど、エコアナウンサーを名乗っているのは私ひとりでしょう。エコロジー（環境）とエコノミー（経済）の統合によって持続可能な社会をめざすという価値観を持つアナウンサー、それがエコアナウンサーです。

二〇〇八年二月、地球温暖化防止全国イベントのとき、公益財団法人「みやぎ・環境とくらし・ネットワーク（MELON）」に勤める友人、小林幸司さんが本番前の薄暗い会場の司会台で準備をしていた私の側に来て、こう言いました。「彩子ちゃん、エコアナウンサーだね」と。手元の台本から目を上げた私は、小林さんのはにかんだ笑顔を見ながら、鳩が豆鉄砲を食ったような顔をしていたと思います。そしてすぐ、私の脳裏に何かがひらりと舞い降りた気がしました。そうだ！　エコアナウンサーだ。エコは〈エコロジー〉と〈エコノミー〉の両方の意味を持つ。その両方を考え、応援する。これまで私がやってきたこと、これからやりたいことはエコアナウンサーだと。

いつもさりげなく本質を言い当てる小林さんならではの造語です。少しすると頭のなかから、「いやいや、〈エコアナウンサーを名乗ろう〉だなんて大それたことだ。無理無理」という声がしましたが、この直感には何かあると意を決し、その後、私は名刺に「エコアナウンサー」と印刷することになります。

思えば、一九九八年から八年間、仙台のミヤギテレビでお天気中継を担当するなかで、「あれ？ 県域の気候が変だな」「おや？ 地球の気候も変だな」と感じたことから環境問題に関心が向き、メディアの一員としてできることは何かを「自分の問い」としたことから、私の歩みがはじまっていました。長いモヤモヤの末に、自信のなさとコンプレックスの果てに、ついに見つけた自分の居場所、ようやく見つかった立ち位置、それがエコアナウンサーでした。

そして二〇一五年九月、国連総会で「我々の世界を変革する：持続可能な開発のための二〇三〇アジェンダ」(Transforming our world: the 2030 Agenda for Sustainable Development) が全会一致で採択され、その行動計画としてＳＤＧｓ (Sustainable Development Goals「持続可能な開発目標」) が示されます。ＳＤＧｓで明示されたのは、二〇三〇年までに達成すべき17の目標と169のターゲット。その意義と内容について、詳しくは本書7章8章をご覧ください。

エコアナウンサーたらんとする私にとって、国連でのＳＤＧｓの採択は、これまで漠然と考えていた環境・社会・経済の関係を〈調和〉として捉えなおす機会となります。子どもを産み、親になった私はＳＤＧｓと出会ったことでいよいよ、自分の子どもを含む将来世代が安全な住環境のなかで安心した笑顔で日々を過ごすことの手助けをしたい、二〇五〇年が、二一〇〇年が、その先が、持続可能であるように、と強く思うようになりました。

自分の人生にＳＤＧｓを組み込んで考え、行動する。これは私が考える『ＳＤＧｓをジブンゴトにする」ということです。ジブンゴトつまり自分事。課題を自分の事として捉え、自分に引き寄せるという趣旨ですが、堅苦しくなく楽しく考えたいので、カタカナの「ジブンゴト」としました。実際、ＳＤＧｓは知る段階を過ぎて、どのようにジブンゴトとして獲得し、どのように暮らしに組み込んでいくか、そのうえでどのようにさまざまな人や団体と連携して変革へつなげていくか、という段階にあるのです。

本質的な行動を起こし続けていくための源泉は、私たち一人ひとりの生き様や育った環境、そして経験してきたことにあるのではないでしょうか。私自身、ＳＤＧｓをジブンゴトとして考えていくなかで、歩んできた道や、そこから生まれた使命感が、行動を起こすための原動力になることに気がつきました。一人ひとりの前進する〈生き方〉〈暮らし方〉〈自分語り〉

が持続可能な社会への一歩になると信じます。誰もが大切なストーリー（物語）を持って暮らしています。私たちがそれぞれの使命を全うしたいと進むことが、大きな流れとなり持続可能な社会への扉を開けていくのではないでしょうか。

本書がいわば自分史のかたちをとっているのはそれゆえです。ＳＤＧｓのジブンゴトとは何かを考えるための一つの試みとして、私個人を起点として過去現在未来をＳＤＧｓ視点で捉えてみました。頁を繰りながら、あなたの思い出や考えとつながるところがありましたら、また、あなたのこれまでをあなた自身がふり返り、未来を思う時間に少しでも役立てていただけましたら、これ以上嬉しいことはありません。ＳＤＧｓをジブンゴトにすることとで、未来をジブンゴトとして考えることができると思います。

本書では、まず私自身の歩みをたどり（1～6章）、そしてＳＤＧｓを正面に据えて、私の思いと活動の軌跡を語ります（7～8章）。また、章末に適宜、「ＳＤＧｓ視点で振り返る」というコラムを配しました。これは、自分が歩んできた道をあらためてＳＤＧｓ視点で問い直してみたら何が見えるかという趣旨で、私にとってジブンゴト化のエッセンスであり、「探求・発見」の過程です。

ＳＤＧｓについて知りたいと思われる方は7章8章、そしてコラム「ＳＤＧｓ視点で振り返る」からお読みになっても、また、それだけをお読みいただいてもかまいません。ご関心のあるところからお読みいただけましたら幸いです。

※本書の性格上、ＳＤＧｓの17の目標が頻出しますので、ご参照の便宜として、次頁に一覧を掲げます。この訳文は蟹江憲史先生を委員長とする『ＳＤＧｓとターゲット新訳』制作委員会の作成で、二〇二〇年九月に公表されました。その後、二〇二一年に一般社団法人Think the Earthが音声訳を制作し、私がその音声を担当しました。本書の引用は基本的にこの『ＳＤＧｓとターゲット新訳』の訳文によります。

SDGs 17の目標

1 あらゆる場所で、あらゆる形態の貧困を終わらせる

2 飢餓を終わらせ、食料の安定確保と栄養状態の改善を実現し、持続可能な農業を促進する

3 あらゆる年齢のすべての人々の健康的な生活を確実にし、福祉を促進する

4 すべての人々に、だれもが受けられる公平で質の高い教育を提供し、生涯学習の機会を促進する

5 ジェンダー平等を達成し、すべての女性・少女のエンパワーメントを行う

6 すべての人々が水と衛生施設を利用できるようにし、持続可能な水・衛生管理を確実にする

7 すべての人々が、手頃な価格で信頼性の高い持続可能で現代的エネルギーを利用できるようにする

8 すべての人々にとって、持続的でだれも排除しない持続可能な経済成長、完全かつ生産的な雇用、働きがいのある人間らしい仕事（ディーセント・ワーク）を推進する

9 レジリエントなインフラを構築し、だれもが参画できる持続可能な産業化を促進し、イノベーションを推進する ［筆者註：レジリエント＝resilient「弾性のある」「回復力のある」］

10 国内および各国間の不平等を減らす

11 都市や人間の居住地をだれも排除せず安全かつレジリエントで持続可能にする

12 持続可能な消費・生産形態を確実にする

13 気候変動とその影響に立ち向かうため、緊急対策を実施する

14 持続可能な開発のために、海洋や海洋資源を保全し持続可能な形で利用する

15 陸の生態系の保護、回復するとともに持続可能な利用を推進し、持続可能な森林管理を行ない、砂漠化を食い止め、土地劣化を阻止・回復し、生物多様性の損失を止める

16 持続可能な開発のための平和でだれをも受け入れる社会を促進し、すべての人々が司法を利用できるようにし、あらゆるレベルにおいて効果的で説明責任がありだれも排除しないしくみを構築する

17 実施手段を強化し、「持続可能な開発のためのグローバル・パートナーシップ」を活性化する

『SDGsとターゲット新訳』制作委員会

〈目次〉

6　四〇歳、かーちゃんになる

7　SDGsが拓く未来

8 ともに歩む　伝える技術を磨く

カット＝前枝麻里奈

1

幼いころの心と向き合う

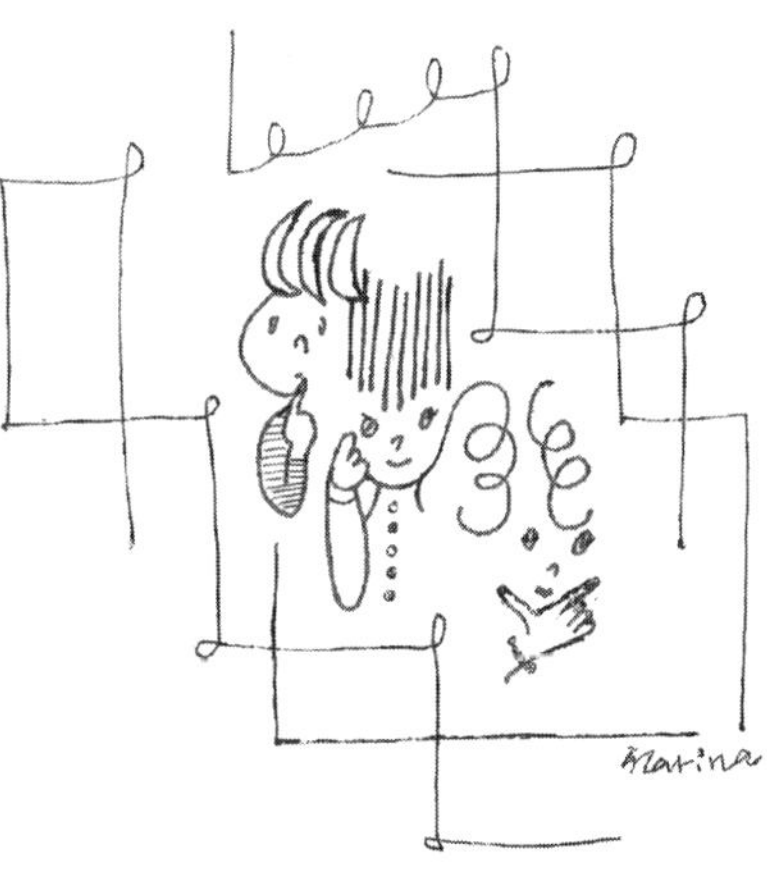

剣道が心の居場所に

あなたには長く続けていることや好きなスポーツや趣味がありますか？　あなたにとって大切な核となるような経験はどんなことでしょうか。あなたが大切にしてきたことがあなたの未来につながるかもしれません。その経験がいまのあなたにとってどんな影響を及ぼしていますか。心の居場所はどこですか。

私の心の居場所のひとつは剣道です。秋田県能代市で育った私は幼稚園のころから剣道に親しみ、宮城県仙台市に移ってからも大学を卒業するまで、二〇年間、剣道に打ち込みました。このときの経験がその後の私にどんな影響を及ぼしたのか、どんな意味があったのか。

剣道は地味です。オリンピック種目ではないこともあって、競技人口も少なく、社会人になっても剣道を続けられるのは多くの場合、警察官・自衛官・教員など日常的に剣道ができる状況の職業人に限られます。長く稽古をしてきたわりに戦績は自慢できませんが、どうして続けたのか思い返すと、幼いころから先生に言われてきた剣道の理念に惹かれたからかもしれません。「剣道は剣の理法の修練による人間形成の道」。この理念に照らせば自分は未熟で、中途半端にやめられないと感じ、また先生や先輩方、同級生や後輩たちといっしょにいられる場があることで安心感を覚えていました。稽古は厳しかったのですが、部活動ではみんなで文句を言いながらよく耐えました。インターハイや全国大会に出たこともなく、大学を卒業してからは竹刀を握るチャンスもありませんが、当時の仲間たちとのやりとりはいまだに続いており、在りし日を懐かしむとともに同志のような連帯感があります。

小さな店舗を営んでいた家では、子どもたちの生活はほとんど野放しで、勉強をしろと言われたことは一度もありません。親は自分に関心がないのだろうと感じていました。しかしながら、自分が親になってからの自分の親に対しての「想像」と「理解」が、私にとっては救いとなり、自分の子育てにとても有益なことに気がつきました。

竹刀を握っていると、モヤモヤやわだかまりを忘れることができました。剣道は私にとって、心の居場所だったのです。所在ない自分への「お前は誰だ?」という問いかけに、剣道は長いあいだ、答えを出し続けてくれたように思います。

父は剣道教士七段です。剣道は私と父との数少ない対話の機会でした。剣道場での父の構え、胆力には別人を見る思いがしたことを思い出します。

剣道の試合はつねに一対一で、お互いに間合いをはかり、呼吸を感じ、三本勝負で先に二本取った方が勝ちです。考えてみると、剣道とイベントの司会やテレビの中継には通じることがあります。やり直しは効かず、途中で修正はできません。幕が上がれば、カメラが回れば、逃げられない一発勝負です。

私は負ける悔しさを剣道から学びました。小学校低学年から六年生の一学期まで、小さな大会で負け知らずだったのは、疲れて足が動かなければ竹刀で背中を押され、体当たりでぶっ飛ばされ、力をふり絞っても終わらない厳しい父の稽古があったからでした。しかし、そんな稽古に嫌気がさし、けがをしたと理由をつけて稽古を休むことを覚えた六年生のころ、初めて大会で負けました。負けて泣いている私を見て、父は「お前の練習が足りないからだ。さぼったからだ。負けず嫌いのくせに根性がない」と言いましたが、その通りです。剣道は「自分に負けることがいちばん悔しい、情けない、努力は嘘をつかない」ということを教えてくれました。

中学時代、同級生からいじめのような無視をされたときも、竹刀を握っていれば自分でいられる、そんな心の拠りどころともなっていました。子どものころの私は飢えるほどではありませんでしたが、生活は貧しく、また家庭環境も恵まれたものではありませんでした。そのようななかでの私にとって、剣道は人とのつながりを得られ、外の世界を感じ、将来の心がまえを育成する機会となりました。

「愛着」の科学を考える

あなたがふり返って、大切だと感じる経験があるなら、あなたが積み重ねてきたこれまでの時間が、未来への糧になっているのではないでしょうか。もし、いま暗闇のなかにいるように感じているなら、その世界はいったん置いといて、別の世界を見ることができたら、小さな変革の兆しとなるのかもしれません。

子どものころの体験はその後の人生に大きな影響を与えるといわれます。私は、自分自身の子育てにおいて、あらためて子どものころの自分と向き合うことになりました。子を妊娠して思ったことは、子どもに関心を持ち続けたいということです。お腹のなかの子どもには、私が子ども時代に感じたこととは違う、つねに守られているという感覚や安心を届けたいと思いました。

子どもがどう育つのかを研究した「愛着」に関する研究分野があります。子どもとの関わりであなたが与えた経験が、文字どおり子どもの脳の構造を形づくっていくというものです（ダニエル・シーゲル、ティナ・ペイン・ブライソン『生き抜く力をはぐくむ　愛着の子育て』二〇二二年、大和書房）。

そこでは「愛着」に関わる四つのSが挙げられていました。

Seen――見守られていること
Secure――安心していること
Safe――安全であること
Soothed――なだめられていること

この四つのSが子どもの脳を統合へ導き、柔軟性がありストレスを受けにくい神経系を構築するといいます。こうして子どもは、自分が安全で豊かな人間関係と愛に恵まれ、避けられない困難にもうまく対処できると信じて、まわりの世界に安心と居心地のよさを感じながら生き抜く力を身につけることができ、自己肯定感を持って世界と向き合えるとするのです。

また、「子どものなかに確かな愛着を形成するには、親自身がよい親に育てられる必要があるというわけではない」、自分の生い立ちをじっくり見つめて理解すれば子どもと確かな愛着を育むことができることが研究で立証されているそうです。

この愛着の科学を自分自身に照らし合わせるなら、当時の私自身の感情は横に置いて、大人としての親たちの、そのときの状況や人生について、あらためて「理解」することが、ひいては私の子どもにとっても良い影響があるということです。またそのような「理解」が私自身にとってもポジティブ（肯定的）な影響をもたらし、親たちとの現在の関係構築にも役立っています。私が「理解」できたのには理由があります。まわりの親戚や友人、パートナーが私に対しての「愛着」を示してくれたことでゆっくりと、私には家庭以外の世界があることがわかり、自分を俯瞰することができたからです。

「すべての人に愛情と安心を」――ＳＤＧｓには17の目標がありますが、私はこれを18番目の目標として掲げたい。

日本海中部地震の記憶

一九八三年五月二六日、能代市立渟城（ていじょう）第二小学校三年生のときの給食の時間直前、四時間目の書道の時間に（一二時ごろ）、能代沖一〇〇キロメートルを震源とする日本海中部地震が起きました。揺れると同時に、子どもたちの硯（すずり）が次々に床に落ち、教室の引き戸もいったり来たり激しく揺れ、廊下にころがった男の子がいたのを隠れた机の下から見たのを覚えています。続いて校庭に避難し、先生が校庭に給食を持ってきてくれました。私が大好きだったふわふわのねじりパンでした。

帰宅すると、学生服の販売店を営んでいた店舗兼家と倉庫では、ガス漏れ、水漏れが起き、いろんな物が落ち、食器が散乱し、足の踏み場が無いほどでした。二階への階段と壁が離れてしまっていて、おそるおそる二階に上がりました。

停電になり、水は井戸のある近所の家から分けてもらい、何日間かは、カセットコンロで煮炊きをし、ろうそくの灯りのもとでご飯を食べました。赤十字から貰ったベージュの毛布はその後何年も使いました。

能代市の南の男鹿市では、海岸に遠足に来ていた小学生四三名と引率の教員が津波に襲われ、児童一三名が亡くなり、近くの男鹿水族館では、スイス人の女性一人も津波で亡くなっています。じつはたまたま、この前日に私たち三年生は、この男鹿水族館に遠足に行ったばかりでした。生まれて初めて経験した大きな地震で、津波の恐ろしさ、被災生活の不便さを感じました。それとともに、ご近所さんとも近しく助け合うことができることも知り、以降ボランティアは私にとってごく自然なこととなりました。

SDGs視点で振り返る

住み続けたいまちづくりのために

ＳＤＧｓの決議書にある理念は「誰一人取り残されない」です。

これを目にしたとき、私は子どものころを過ごした能代時代を思い出しました。孤独感や不安を感じていた子どものころの私に「誰一人取り残されない」という考えがあることを伝えることができたなら、と思います。

能代はいまでこそ新幹線と五能線を乗り継いで五時間半で行けますし、本数は少ないですが飛行機も利用できます。また、ＩＴの発達によりオンラインで気軽に話すこともできます。とはいえ、東北のなかでも地理的に不利で、多くの若者が仙台や札幌、東京に出てしまう地域であることは事実です。私が住んでいたのは能代市中心街の柳町で、子どものころはとても賑わっていましたが、いまではすっかりシャッター街になってしまいました。現在（二〇二二年）の人口は五万人を割っていますが、私が子どものころは七万人を超えていて、子どももたくさんいて、小学校も一学年四クラスありました。能代は、木都（もくと）と呼ばれる木材の集積地で、かつては上流で伐採した秋田杉をいかだ流しにして米代川の水流を利用して港まで運び、江戸時代には北前船(きたまえぶね)で大坂（現在の大阪）や江戸に届けたそうです。

ＳＤＧｓの前身であるＭＤＧｓ（ミレニアム開発目標）は途上国の貧困をなくすためのものでしたが、先進国でも格差の問題にともなう貧困や家庭の状況による貧困などの原因で取り残されていることが顕在化し、途上国も先進国も含めた目標であるＳＤＧｓができました。

そのなかに目標11「住み続けられるまちづくりを」があり、目標８「働きがいも経済成長も」があります。過疎化が進み、シャッター街と言われてきた秋田県能代市ですが、私が知るかぎりでも、元気な人たちが活動していて、とても頼もしく感じています。

たとえば、能代で注文家具店を営むミナトファニチャーの湊哲一さんらが運営する合同会社「のしろ家守舎(やもりしゃ)」。二〇二二年（令和四年）四月に町なか再生をめざし、能代市元町に複合施設マルヒコビルヂングをオープンしました。「東北一のシャッター通りと言われるほどの寂しい通りになってしまった駅前からの商店街に子どもから大人まで、さまざまな人が行き交う賑わいを作りたいと思い活動」しています。このマルヒコビルヂング、シャッターが下りた店舗の並ぶ一角にある老舗酒屋を、木材をふんだんに使ってリノベーション（修理刷新）し、一階に子どもの遊び場があるカフェ、地下に「ＤＩＹの学校」を設けました。ＤＩＹ（Do It Yourself）は自分の身体を使って、自主的に活動することです。そして二階には、仕事を生み出す場所として重要なシェアオフィス、コワーキングスペースがあります。

湊さんらは二〇一九年、秋田県が主催した「動き出す商店街プロジェクト」に参加したことをきっかけとして、地域の課題である「子どもの遊び場がない」「子育てママさんたちの居場所がない」「木都能代らしい場所がない」「空き店舗だらけ」を持ち寄り、場を作り、課題解決に向けてポジティブに取り組んでいます。物販やイベントを開催し、賑わい創出に貢献している様子はＳＮＳでも発信され、距離が離れている私にとっても能代が身近に感じられて嬉しい。能代を出てしまった私にはできなかったことですが、地域にゆかりのあるひとりとして支えていきたい活動です。帰りたいと思う、まちづくりです。

2

自立への道、出会いに救われ

仙台の雑誌社で表現する喜びを知る

小学校六年の秋、私を育んでくれた故郷である能代を離れ、仙台に移り住むことになりました。この街で中学・高校・大学へ通い、大学時代のアルバイトがきっかけになって、フリーアナウンサーの道を歩む生活がはじまります。〈青葉繁れる杜（もり）の都〉仙台は、私にとって二〇年間を暮らした第二のふるさとなのです。

大人になって働いた場所やお世話になった人とのつながりは、子ども時代の記憶とはひと味違います。親とは違う生活を営み、社会に踏み出していく。小さいながら経済活動を営み、社会の一員として歩んでいく。そうした教育・働きがい・協働の感覚を得ることができた場所が仙台でした。汗と涙とたくさんの出会いと思い出が染みこんだ街です。

きっかけとなった宮城学院女子大学時代のアルバイト先は、東北全般のレジャー情報を扱う旅行雑誌社でした。編集長が大学にアルバイトを探しに来て、たまたま声をかけてくれたからです。二階建ての一軒家の民家を会社として使った小さな雑誌社で、朝、玄関をガラガラ開けて入ると編集長がお風呂でシャワーを流している音が聞こえてきたり、カメラマンや出版社の人、ご近所の人が立ち寄ったりと、いつも賑やかでアットホームな雰囲気でした。

アルバイトの内容の多くは、社内の掃除や「アタリ取り」です。「アタリ取り」とはカメラマンが撮ってきた写真をコピー機で紙にコピーして、下書き原稿に記事の写真をはめ込むこと。コピーした写真をトリミングして切り取り、スプレーのりで下書き原稿に貼りつける作業です。取材してから原稿になって本になるまでの工程を知ることができてとてもワクワクし、チームワークで作業をして雑誌を作り上げるという喜びを知りました。

そして、仙台市内のおすすめスポットや松島・蔵王・鳴子温泉など、県内の観光地の魅力を紹介する手伝いとして、取材して写真を撮り、記事を書いたりすることになります。ときに観光記事の写真の人物モデルとなったりもしました。当然、このころの私の書いた記事はそのままではものになりません。何度も修正の指導があり、写真の撮り直しが必要になったときなど、取材先にお詫びして後日撮影に行きました。そういえば、イタリアンのお店の人気が出はじめていた一九九〇年代後半、パスタの記事とお店の紹介をやり直したことがあります。お店の方は忙しいのに親切に対応してくれて、本当にありがたく、穴があったら入りたい気持ちだったことを思い出します。

いまふりかえれば、この雑誌社はよくぞ、学生アルバイトである私に取材を許し、記事を書かせてくれたものです。素人の挑戦を許容してくれたことには感謝あるのみ。当時お世話になった編集者の方とはいまも仲良くしています。

稚拙なレベルながら、このアルバイトを通じて、自分の感性にもとづいて表現をし、それが多少なりとも世の中の役に立つという喜びを知りました。後に仕事として取材をして原稿を書き、レポートをすることになる原点となる体験です。

フリーアナウンサーへの扉

大学三年から四年にかけて友人の間では、進路が切実な問題となりました。私は雑誌社でのアルバイトの経験から、どこかの企業に入りたいというよりは、自分で表現することで情報に価値を添えられるような仕事をしたいと思うようになっていました。

大学に、気さくに学生と話してくれる地元の銀行出身の先生がいらっしゃったので、授業後に思い切って相談しました。「自分はメディアの仕事をしたいと思っている」と伝えたところ、その先生は「テレビ局に知り合いがいるから紹介しましょう」と言ってくださり、段取りまで整えてくださいました。仙台駅前にあった仙台ホテルの二階の飲茶レストランでお会いしたのが、当時、仙台放送の志伯知伊(しはくともい)さん。そのとき知伊さんから、フリーアナウンサーをしている妹の暁子(あきこ)さんを紹介していただきます。

そして暁子さんのお誘いで、一九九六年二月に開局したばかりのコミュニティFM「ラジオ3」の扉を開けました。それまで県域放送が主流だったFMラジオですが、一九九二年にコミュニティFMが制度化されて参入がはじまり、九五年の阪神淡路大震災では災害時における役割が注目されていました。私は当時仙台市青葉区北目町にあった小さなスタジオでボランティアスタッフというかたちで放送に関わる勉強をできることになり、新たな扉を開いた気がしました。

このころの私の手帳には「ラジオ3」でのボランティアのスケジュールを「夢」として記入しています。いま見ると赤面ですが、当時は、かなえたい夢への道という意味で、手帳に書いていました。スタッフとしてやるべきことは多岐にわたります。仙台市内のホテルのランチ・メニューを電話でホテルに確認し、スタジオで話すパーソナリティーへ情報として渡すこともやりましたし、放送する音楽の曲を選ぶのが嬉しく、楽しんで放送の準備をしたものです。九〇年代後半当時の通信手段はポケットベルからPHSになったばかりでしたから、PHSにマイクを繋げて、一人で近くの東北大学の片平キャンパスに行って、そこからスタジオにつないでの中継も経験しました。中継時のPHSはしばしば断線してレポートが切れましたが、そのたびにスタジオの志伯暁子さんが引き取ってくれました。

二〇代前半のテレビレポーターのころはなんでもチャレンジの体当たり取材です。温泉紹介では宮城県北にある湯温の高い川渡温泉で、撮影のため湯船に長く入らねばならず、のぼせてしまい、ふらふらで着替えた後に更衣室で気絶してしまったり……　冬山で、大きなタイヤチューブに入って雪面を滑り降りてくる体験では、身体が海老ぞりになって雪面に激突、顔の傷をメイクで隠してオンエアを乗り切ったり……　七ヶ宿町からパラグライダーのレポートをやったときは、順調に飛び出したものの途中で木の枝にひっかかって降りられなくなり、インストラクターが救出のために木を登って助けに来てくれたり……

視聴者のためにも自分自身が楽しむことが大事です。とはいえ、プレッシャーも不安もあるのは当然で、取材の前には、緊張して胃が痛くなることもありました。

大学の卒業式の日はテレビ局での仕事を優先し、卒業式を欠席して放送局のスタジオで夕方番組のレポーターを担当しています。プロデューサーが「あやちゃん、今日は卒業式だよね」と声をかけてくれました。そう、卒業式なのです。同級生といる場所は違うけれど、私にとってはこの日のスタジオが大学の卒業式であるとともに、未来の自分への覚悟を決める出発式でもありました。

剣道とアルバイトに明け暮れた、落ちこぼれの劣等生でしたが、自分なりに力いっぱい心いっぱいの日々でした。

〈お天気コーナー〉を担当する

大学を卒業して二年目、一九九八年一〇月から、ミヤギテレビ（日本テレビ系列）ではじまった月曜から金曜放送の朝の帯番組『あッ！晴れテレビ』（5：56～7：00）で、お天気コーナーなどを担当できることになりました。宮城県内の民放の朝のローカルの情報番組の先駆けであり、ミヤギテレビとしても力を入れていました。五年半続いたこの生放送の番組で、私は徹底的に鍛えられることになります。

目覚まし時計を二台セットして朝三時に起床、身支度をして四時前には局到着。朝五時の予報を手元のバインダーにまとめて、五時半からその日の放送場所に待機。雨の日だろうと雪の日だろうと強風の日だろうと、天気コーナーはつねに屋外からです。ミヤギテレビ本社前の国道45号線、社屋の前庭などで、スタッフとともに中継をしました。いま現在の外の様子を体感しながら、視聴者のみなさんにその日一日の行動の一助となる情報を届けることが私の使命です。

桜のころには、仙台市内の桜の名所や県南の大河原町〈一目千本桜（ひとめせんぼんざくら）〉など、県内各地からの天気予報の生中継も行ないました。小学校の夏休み期間には県内の小学校に行き、私が体操のお姉さんよろしく号令をかけ、ラジオ体操ならぬ「あッ！晴れ体操」を子どもたちと元気にやったりしています。八月六日〜八日の仙台七夕のときには、七夕飾りがひらめく仙台駅前などから中継。

夏至のころの仙台の日の出は四時一〇分過ぎ、冬至のころは六時五〇分過ぎ、春分の日や秋分の日のあたりは五時三〇分ごろです。明るさ、光の色、空気の匂い、風の強弱、雲の様子、一日として同じ日はなく、放送時間中にも光の具合は刻々と変化します。準備にバタバタしながらも放送前の刻々と変わる朝焼けのドラマに心奪われた日もありました。

一時間番組のなかで、天気コーナーは三、四回あります。そしてそれぞれ、二分半、一分、二分、四分と時間の長さが違いました。朝の情報番組の視聴者は、ラジオのように聞きながら朝の準備をすることが多いので、番組を最初から最後まで聞き続ける方にとっても新鮮なように工夫しなければなりません。時間が少しずつ進むわけですから、同じセリフを単純にくりかえすのではなく、その時間帯に合った内容を心がけることになります。天気予報自体は気象情報提供会社や気象台からの情報ですけれど、その前後を含めたコーナー全体を考えつつ、自分の言葉で伝えるのはとても楽しいことでした。必要情報に少しだけ私からのメッセージという価値をプラスして……　あなたに役立つ情報を届けたい、あなたの気持ちが少しでも上を向いて、少しでも笑顔になってほしいという思いが実現するときだったからです。

全身をアンテナにして季節を感じながら

駆け出しアナウンサーだった当時、私は決してレポートが上手ではありませんでした。担当の内藤敏彦プロデューサーから、視聴者との向き合い方など、イチから叩き込まれたものです。思えば、私の人生のなかで、いちばん細かく指導され、叱られ、ダメ出しをされ、またいちばんあたたかく誉めて伸ばしてもらえたときでした。口を酸っぱくしていわく、「それじゃあ伝わらない。もっとわかりやすく、みんながわかるように伝えろ」「あっぺとっぺだ（宮城弁で、ちくはぐだという意味）。表現を工夫しろ。説明の順番を考えろ」と。言葉が、伝えることが自分の身になっていないとわかりやすい説明はできないことを、内藤さんは根気強く教えてくれました。

厳しくもあたたかい指導を受けつつ、私がレポートのときに大切にしてきたのは、言葉巧みに話すことではなく、「自分の心に聞いてみること」でした。

〈この空を見て自分は何を思うか〉
〈この空気のなかにいて身体は何を感じているか〉
〈この雨が降るなかで私の皮膚は何を感じているか〉

それを言葉にする試みが好きでした。
昨日と今日は決して同じ朝ではない。日が長くなり短くなり、温かくなり春が近づく。

〈青葉のころ、梅雨の到来〉
〈梅雨が開けると仙台は七夕、短い暑い夏〉
〈朝が過ごしやすくなって秋になり、やがていつ雪が降り出してもおかしくない冬へ〉

全身をアンテナにして、人間レーダーになって季節を感じよう。それを言葉にすることは不思議な体験でした。身体で感じる温度・湿度・空気・風。この感覚を私はどう表現するのだろう、春まだ遠い冷たい空気のなかで咲きはじめたコブシをどんな言葉で伝えられるだろうか。それは、あなたにどんな風に届くのだろうか。見たもの感じたことを言葉に変換するとき、そこに感覚や温度が添えられていく……　そんな目には見えない何かが、たしかにありました。

感じているけどうまく言葉にできないときは、歳時記などを読んで言葉を借りました。

「仙台上空高いところに、真綿を引いたような雲があります。きれいですね」

「梅雨寒のしとしと雨が続いていますが、木々の葉に溜まる美しい雨粒に心癒されますね」

「耳の奥までピリピリするような寒さですが、あったか帽子をかぶって今日もあッ！晴れにいきまっしょー！」

きっと、こんなふうに感じている人もいるはずです。忙しい毎日でも、ふと心を打つ何かがあり、毎日の天気や風景や季節に喜びや癒しをもらっている人がいるはずです。

むろん肝心なのは気象情報ですから、台風や豪雨のときなど、真摯に警戒すべきことを伝えなければいけません。でも、うっとうしい雨の日でも、心は晴れやかに過ごしましょうという前向きのメッセージを伝えたい、毎日いろんなことがあるけれど、元気に行きましょう！生きましょう！と。

毎日毎秒が違う。人の営みも変わる。季節の行事もある。学校の行事、試験、休みなど、視聴者の方の生活のリズムがある。毎日の一人ひとりの営みとともにありたいと、スタッフチーム一丸となって考えました。

幸いこの天気コーナーは好評で、手紙やFAX、ハガキなどがたくさん届きました。「天気予報を聞くと、元気にがんばれる気持ちになります」「毎朝、あやこちゃんの笑顔と声に励まされます」等々の言葉には私こそが励まされました。いまも、視聴者のみなさんからいただいた手紙を大切にしています。

「フロー体験」——ひたすら没入した日々

この『あッ！晴れテレビ』、私が環境問題や気候変動の問題に関心を持つきっかけとなりました。桜の開花時期が年々早くなり、比較的涼しいはずの仙台の八月なのに、最高気温が三〇度以上の真夏日や最低気温が二五度以上の熱帯夜が増えていく。「平年並み」という言葉がもはや意味をなさないのではないか、と思えてしまう異常気象が頻発します。

ちょうどこのころ、環境分野に高い関心を持って取材を行なっていたミヤギテレビの盛朋子アナウンサーが、公益財団法人「みやぎ・環境とくらし・ネットワーク（MELON）」

を紹介してくれました。ＭＥＬＯＮには、のちに私を「エコアナウンサー」と名づけてくれることになる小林幸司さんがいて、また私にとって環境社会学分野の恩師である東北大学の長谷川公一教授がＭＥＬＯＮの理事長を務めており、このときの出会いがのちにエコアナウンサーとなることを運命づけることになるのです。

ニュースを担当なさっていた盛さんは、報道フロアの天気端末にかじりついて放送用の天気画面の設定をしていた私によく話しかけてくれ、原稿の読み方、伝え方など、忙しいなかでも快く教えてくれました。

さて、この番組に携わった五年半、私にとって全力疾走の日々でした。天気コーナーのほかに、映画コーナーや街のお菓子を紹介するコーナー、営業案件の商品を紹介するパブリシティコーナーなども担当していて、朝七時に番組が終わると、社員食堂で朝ごはん。その後は明日の映像の確認、ネタを仕込んで台本作成、フリップ（図解などに用いる大型の紙版）の発注、天気以外の担当コーナーの取材や作業をして夕方帰宅、二〇時には寝ていました。そして土日は他局の番組の収録です。

いま振り返ると、たいした病気にもならず、よく体が持ったものです。一度だけ体調を崩しましたが、若かったし剣道で鍛えた体力もあり、点滴しながら乗り切りました。この後、大学院で心理学者チクセントミハイの「フロー体験」を学ぶことになりますが（没頭、夢中、熱中など、自我を忘れて物事に集中すること）、まさに「フロー体験」的な没入の日々だったのです。いまで言う「ゾーンに入る」感覚でしょうか。疲れも知らず、良い番組を作るための努力は惜しまないスタッフ同士の家族的な関わりのなかで、同じ目標に向かって、朝夜を問わず走り続けました。ずっと自分の居場所を探していた私にとって、ようやく社会人としての居場所が見つかった思いだったのです。

SDGs視点で振り返る

人や組織との関わりのなかで

幸運にも日本で生まれた私は、意識せずに学校で学ぶことができ、日々の生活のなかで人間形成の時間を過ごすことができました。そして社会人になってからの人や組織との関わりのなかで、多くの方の良心や愛情やその方々の信じる使命感によって、私も良い影響を得ることができました。

ＳＤＧｓの目標やターゲットで明確に記されているわけではありませんが、人が成長していく過程で人や組織や社会など、他者との関わりのなかで吸収したことや出会いが、変化や行動をおこす準備になるということを感じている人は多いのではないでしょうか。人が物理的にも精神的にも安全に成長する時間を持つことの重要性は見過ごされがちですが、それなくしての自己実現は簡単ではありません。このように考えるとき、思い浮かぶのが国連の活動の三つの柱である、平和と安全、人権、そして持続可能な開発目標です。そして、それを統合させた初めての合意がＳＤＧｓを含む『われわれの世界を変革する：持続可能な開発のための二〇三〇アジェンダ』である、という原点です。

誰もが男女ともに読み書き能力と計算能力を身につけ、学びたいことにアクセスでき（目標4）、働きがいのある仕事を得て経済成長へ貢献できる（目標8）、それが自己実現への道であり、生きる喜びに繋がります。このことは、生まれた国、環境に左右されずに誰もが生まれながらに持つものであるはずです。そして、人は社会のなかで世代を問わず関わることで、お互いの環境や資源を持ち寄り、ともに進んでいくことができるのではないでしょうか。

3

学びと発酵が転機となる

転機の種となったモヤモヤ

自分の歩んだ道をふりかえれば、誰もが、あのときが転機だったのかもしれない、ということがあります。その当時はそれが転機であるとはなかなか感じられないものですが、いまなら、私にとっての転換点は、天気中継を担当して生まれた使命感や問題意識を育て、問い続けるために、社会人大学院生になったことだと思います。

いつまでも若さと度胸だけで突っ走ることはできません。一九九六年からフリーアナウンサーとして走り続けた私は、二〇〇二年ごろになると、煮詰まっているような感覚が強くなってきました。いかに元気なことが取り柄とはいえ、ほとんどインプット（入力）がないまま、毎日、アウトプット（出力）に追われていると、疲弊感にとらわれます。そして、自分は空っぽで、経験も知識も足りない、自分がいまやっている仕事は把握していても、その他のこと、社会のこと経済のことは何も知らない、自分自身をもっと深める必要があると痛切に思うようになりました。

そのころの私の胸に渦巻くモヤモヤを当時の私はうまく言葉にできませんでした。だいたいこのような感じです「メディアは、メディア側が伝えたいことを一方向的に伝えているのではないか。市民の側が声を発する手伝いをしていないのではないか。メディアと市民の関係を知り、良い関係を考えたい」。

そのとき、私の心のモヤモヤの相談相手になってくれたのが、のちに夫になる幼馴染です。彼から「大学院に行ってみたら？　自分の疑問に思うことをじっくり考えられるよ」と勧められました。彼自身、一度社会に出て、もっと勉強したいとの思いで東北大学大学院に入り、経済学研究科の大滝精一教授のもとで経済学修士を取得しています。研究テーマは日本の歴史的経緯から見た民間による地域の食を通じた持続的発展のあり方を考察するというもの。ちなみに彼は、子どものころから料理を作ることや食べることが大好きで、漫画「クッキングパパ」が愛読書。いま父となって、毎日、食事やお弁当を作るクッキングパパになっています。

こうして二〇〇三年、二八歳の私は彼の勧めもあって、社会人大学院生になろうと決心しました。そして大学院で学ぶことで、私にとっての世界が広がっていきます。

あなたにも、もしモヤモヤしてスッキリしない何かがあるなら、そのモヤモヤが転機の種になるかもしれません。

社会人大学院生として学ぶ

さて、そのときの私は、決心したとはいえ、やはり不安です。学生時代は剣道とアルバイトに明け暮れ、ろくに勉強もしておらず、そんな自分に、大学院での研究ができるのか。おそるおそる東北大学の大滝先生に面会の約束をお願いし、緊張しながら研究室に相談にうかがいました。大滝先生は大量に重なった本が林のように連なっているその奥にかろうじて置かれている一人掛け椅子から顔を出して、応対してくれました。

つねづね感じていた思いを語ると、「自分もＮＰＯの代表をしているが、ＮＰＯのことをメディアはなかなか報道しないし、ＮＰＯの情報発信にも課題がある。あなたはメディアの内側にいて、そういう問題意識を持っている。社会人入試という制度があるのだから、問題意識さえ明確ならば、受験してはどうか」と言ってくださいました。大滝先生は、せんだい・みやぎＮＰＯセンターの創設者のお一人で、当時はその代表理事（先生はのちに日本放送協会ＮＨＫの経営委員を務め、現在は大学院大学至善館の学術院長として、経営戦略を広い文脈で研究、活躍しています）。大滝ゼミには企業に勤務している社会人や留学生が多く、夜間にも開講していました。

この言葉に勇気づけられた私は、受験から発表まで心臓の痛い日々を過ごし、なんとか東北大学大学院経済学研究科現代応用経済科学専攻の大学院生となります。

　大滝先生の専門の経営政策論・経営戦略論、藤井敦史先生の非営利組織論、日野秀逸先生の福祉経済特論など、私にとって初めての新しい世界が広がっていくことにワクワクしました。

　また、他の研究科で、メディア・リテラシーや市民メディアを研究していた東北大学情報科学研究科の関本英太郎教授の研究室にもうかがっています。関本先生は快く受け入れてくれ、市民メディアのコミュニティも紹介してくれました。修士論文のフィールドワークとして、市民メディアの方々へのインタビューや熊本県山江村で開催された市民メディア交流会に参加することが叶ったのは関本先生のおかげです。

　このころに出会って、いまも印象が鮮烈な言葉に、経営学の巨人P・F・ドラッカーの言葉がありました（『ドラッカー名言集　仕事の哲学』二〇〇三年、ダイヤモンド社）。


　習得することができず、もともと持っていなければならない素質がある。他から得ることができず、どうしても身に着けていなければならない資質がある。才能ではなく真摯さである。

成功の鍵は責任である。自らに責任を持たせることである。あらゆることがそこから始まる。大事なものは、地位ではなく責任である。責任ある存在になるということは、真剣に仕事に取り組むということであり、仕事にふさわしく成長する必要を認識するということである。

「才能ではなく真摯さ」「成功の鍵は責任」。この言葉は私の心に沁みました。うん、才能は無いけれど真摯さと責任感は大切にしている。間違っていないはず、と決意を新たにしたものです。

また、心理学者チクセントミハイの著書は、私の経験に照らし合わせて、とても納得できるものでした（『フロー体験　喜びの現象学』一九九六年、世界思想社）。チクセントミハイは、没入するフロー体験のためには次の八つの要素が必要だと述べています。「明確な目的」「専念と集中」「活動と意識の融合」「日常的な時間感覚とは異なる時間感覚を持つこと」「即座に反応する」「活動が易しすぎず難しすぎないこと」「状況や活動を自分で制御しているという感覚を持てること」「活動に本質的な価値があると思えるがゆえに活動が苦にならないこと」です。

すでに述べたように、本番中の没我の感覚と、準備のためにみんなで番組をつくり上げる過程は、まさにこのフロー体験でした。剣道を長年続けた後、生放送という秒の世界で何とか仕事をしてきた私にとって、説得力があったことはいうまでもありません。

とはいえ、朝三時起きのテレビの仕事との両立はなかなか厳しい。疲れて眠くて、つい居眠りをしてしまったことも……ある夜の授業の折、藤井先生に「櫻田さんは朝早い仕事ですから、今日はそろそろ終わりにしましょう」と言わせてしまったことがあります。

新たな出会い

大滝先生は、しばしばお知り合いを紹介してくださり、「その問題ならこの人だ、会って話を聞いてみては」と背中を押してくれました。実際、「大滝ゼミの櫻田です」と電話をすると、どの方も快く面会してくれ、とてもありがたかったのです。また、その後の私にとって宝となる本も紹介してくれました。

このころ、大滝先生に薦められ、その数年後に指導を得ることになる方々の著作を読んでいます。たとえば、ＧＲＩ理事／ＧＲＩ日本フォーラム代表理事（現サステナビリティ日本フォーラム）の後藤敏彦さん。大学院生当時に著書を読んでビビッときた方々といま、仕事やNPO活動を通して薫陶を受けていることをあらためて振り返ると、奇跡のようであり、導きのように感じられます。

河北新報の寺島英弥さんとの出会いからも多くを学びました。当時の寺島さんはフルブライト奨学生としてのアメリカでの八ヵ月の在外研究から、二〇〇三年三月に帰国したばかりでした。河北新報社を訪ね、私の問題意識を聞いてもらうと、優しく静かながら確信に満ちた口調で、その後に『シビック・ジャーナリズムの挑戦』（日本評論社、二〇〇五年）にまとめられたエッセンスを話してくれました。政府や行政の動きを上から目線で報道するのではなく、市民の側の問題提起を積極的に受けとめることこそ、これからの地方紙の生き残りの鍵であると。私が寺島さんの姿勢に感銘を受けたことを伝えると、たいへん謙遜され、「櫻田さんもジャーナリストです」とおっしゃる。若輩者である私を対等な立場として捉えてくださり、寺島さんの取材姿勢を垣間見た気がしました。

福島県相馬市生まれの寺島さんは、東日本大震災・福島原発事故が起きると、被災者の視点を踏まえて、被災地のジャーナリズムのあり方を発信しています（『被災地のジャーナリズム』二〇二一年、明石書店）。二〇一九年に退任するまで、河北新報の編集委員、論説委員として問題提起をし続けてきた、私がもっとも尊敬するジャーナリストです。

メディア・リテラシーをめぐって

メディアは誰のために、何のためにあるのか。市民とメディアとのあるべき姿は何か。市民とメディアの協働はどうすれば可能か。問題意識はふくらんでいきました。

メディア報道を市民の側が批判的に受けとめようとするメディア・リテラシーという考え方があることも知りました。批判というと、すぐ否定や非難などのイメージで捉えられたりしますが、ここでいう「批判」とは「物事を検討し、判定や評価を行なう」という意味です。良い悪いと性急に判断するのではなく、きちんと考えてみようという試みです。

メディア報道は送り手の側から選択・編集したものです。自分たちがどのような前提・価値観にもとづいて選択・編集しているのか、送り手の側は自覚的でなければならないでしょう。制作者側にどういう意図があるのか、市民の側も考える必要があります。

当時、テレビ朝日系列の東日本放送（ＫＨＢ）のプロデューサー長谷部牧さんは、マスメディアを俯瞰して捉え、メディア・リテラシーについて問題意識をもっていました。

二〇〇一年度から民放連がメディア・リテラシー・プロジェクトを始めていましたが、長野県・愛知県・福岡県とともに、宮城県では、東日本放送がメディア・リテラシープロジェクトを担っていました。番組制作者が中学・高校で出前授業を行ない、それを受けて子どもたちが番組をつくり、その番組を局が放送するプロジェクトです。

後にKHB東日本放送の女性初の執行役員や、株式会社東北朝日プロダクションの女性初の代表取締役社長を務めることになる長谷部牧さんは、当時番組プロデューサーとして私をレポーターに起用してくれ、また私の修論のフィールドワークの取材にも根気よくつき合ってくれました。現在は、そのスキルを活かし、「働く女性の笑顔のために」ビジネスコーチングをライフワークとして活動を続けています。いつも後進の女性の活躍を応援し続ける尊敬する先輩です。

モヤモヤを抱え年齢も実力も若輩だった私と、在仙メディアの先輩方が議論をしてくれたことは、多様な価値観、問題意識を伝えてもいいんだ、まわりと違うと感じたことを声にしていいんだ、それが道を拓くことになる、という経験となりました。

修士論文に挑む

五年半にわたってフリーアナウンサーの基礎を叩き込んでくれた『あッ！晴れテレビ』が二〇〇四年三月に終了となり、私たちスタッフは基本的にそのまま、午後の情報番組『O

H‼バンデス』に移ることになりました。美しい仙台の情景を歌った『青葉城恋歌』で愛され続ける歌手のさとう宗幸さんが総合司会の宮城を代表する長寿番組です（一九九五年から放送を開始し、現在も続いています）。私も引き続き天気コーナーとレポーターを続けられることになりました。ほっとした半面、いよいよ午後の授業は受講が難しくなります。

大滝先生と相談し、一年間休学することにしました。大滝ゼミでは社会人が多いこともあり、三年で修士論文を書くのはめずらしくありませんでした。

文献を読み、いろいろな人たちの話を聞きに行くのはおもしろかったのですが、それを論文にするのは私にとっては苦しいことでした。大学ではアメリカ研修の感想を英作文すれば卒業を認定してくれましたし、仕事でレポート原稿は書いていましたが、論文なるものを書くのは初めての経験です。

どう組み立てて、結論にもっていくか。ゼミでは進捗状況をチェックしてもらうため、口頭報告をしなければなりません。ほかの院生たちの報告はいずれも立派に聞こえ、気おくれし、自分の報告の中身は意味があるのかと自問自答の日々。大滝先生からは『櫻田さんの〝市民〟の定義は何ですか」「メディア・リテラシーとシビック・ジャーナリズムの関係をどう考えますか」というような鋭い突っ込みが入りました。論文では仮定の大胆さも魅力と捉えられますが、ていねいに言葉の定義を行ない、前提や理論を整えていくことが求められます。「才能ではなく真摯さ」「成功の鍵は責任」というドラッカーの言葉を唱えても、心のなかのもう一人の自分は、才能なさ過ぎ、責任倒れと、軽口を叩いていました。

行き詰まったときに支えてくださったのはもちろん大滝先生。新たな視点で目から鱗となる理論を紹介してくれましたし、「経済もメディアも市民も社会もつながっています。自信を持って書いてください」と励ましてくれました。おかげで、越えられないと思った山をいくつも越えることができたのです。

大学院三年目は、テレビ局の方が時間を調整してくれ、夕方の駅前からのお天気中継担当に間に合うように、夕方前に直接仙台駅前に出勤して駅前中継を担当し、直接家に帰る、ということが可能になりました。こうして夏以降、論文が佳境に入ったときには、朝五時に研究室に行って七~八時間机に向かい、それから仕事に向かう、という日々を過ごすことになります。

私の修士論文『市民のメディア参加によるメディアと市民の新しい関係の構築』がまとまったのは二〇〇六年。一一七頁の、生まれて初めて書いた論文です。自分に湧いてきた問いを持ち続け、少しずつ探求してきたことをやっと文章にすることができました。一月六日締切日の昼に、教務課に論文を提出し終えたときの解放感、目の前がぱーっと開けた感じがして空を見上げたことは忘れられません。曇天でしたが、空を見上げると、青空の下で空気を思いっきり吸い込んで胸の奥が大きく開いたような爽快感がありました。

テレビがチームプレーの産物であるように（サブ〈副調整室〉、プロデューサー、ディレクター、カメラマン、音声さん、照明さんやアシスタントさん、CGさん、ヘアメイクさん等々を含め、スタッフ全員で作りあげる）、論文執筆もいろいろな方々の助言・助力を得つつ、起承転結を考え、仮定し、取材して、つくり上げていくので、その意味では番組づくりと似ているところがあります。しかし、やはり個人名の作品であり、自分が書き終えないかぎり終わりません。最終責任は自分です。焦燥感をなんとか乗り越え、〈がんばった〉〈終わった〉という達成感・充足感は格別でした。

この論文、はじめに問題意識を据え、使用する重要な言葉の定義からはじまり、メディアの特性・範囲・法理・メディアと市民の関係を捉え、先行研究を示し、現状の制度からのアプローチとCSRなど経済理論からの提案を行ない、各事例をアライアンス戦略やコラボレーションから分析し、独自のリレーションシップモデルを提起する構造です。まとめの一文で、私はこう書きました。

これまで、仕事を通して感じてきた、視聴者のために放送するという考えはやはり、間違がっていなかった。ただし、スポンサーの影響を受けざるをえないのも事実で、その中での最良を見つける努力をしてきた。しかし、それだけが重要な視点ではないことがわかった。「視聴者のため」＝「社会のため」という要素を含める必要がある、ということである。自分もメディアに接する一市民として、メディア・リテラシーを身につけよう、皆さんも身につけてほしい、と切に願う。連日のように報道される事件や終わりのないエンターテイメントやドキュメント。それらは編集されている。ほんの短い時間に印象深く編集されている。忘れてならないのは、それが真実ではない、ということだ。「真実の断片」なのである。そこに、血の通う人々の毎日が大きな襞となって無限にかくれているということを忘れてメディアに接してはならないのである。

二〇〇六年当時はいまのようなＳＮＳの隆盛は未来のことであり、市民のメディア活用は今後の課題にとどまっていました。しかし、市民・個人が自分のメディアを獲得したと言える現在でも、やはりメディアに接する際のリテラシーは重要です。以前よりメディアと接点が多く、ときに情報の受け手であり、ときに発信者でもある現在の私たちは両方の立場を持っており、状況をより複雑にしているがゆえに、その特性を理解し、使い方を丁寧に考える必要があります。個人のＳＮＳであってもみずからが紡ぎだす言葉や情報は、インターネットの大海原／公海に飛び出す船＝公の記事としての自覚が必要だと感じます。

修士論文をあらためて読み返して思うのは、これを書いたときから九年後に出会う「誰一人取り残されない」というＳＤＧｓの概念と共通点がある、ということです。私が心のなかで育てていたモヤモヤは、〈地球市民としての生き方を考える〉ということだったのかもしれません。

提出から一ヵ月後、二月初めに口頭試問がり、主査の大滝精一先生と副査の藤井敦史先生は合格の判定。藤井先生は口頭試問の最後に、「これからも研究を続けてください」と言ってくれました。口頭試問の部屋のドアを閉めて廊下に出ると、うれし涙が溢れてきました。先生方は期待を込めて、私が問いを立て続ける可能性に判を押してくれたのかもしれません。

SDGs視点で振り返る

モヤモヤの恩恵

学びや仕事を通しての、人生の師と思える方々との出会いは、その後の自分の進む道を耕してくれるかけがえのないものです。私が体験したことは、はからずも働くなかで生まれた自分のモヤモヤを問いとして立て、それを出会った方々とのコミュニケーションのなかで私の話を聞いてもらい、意見をもらい、考えたことを文章にし、自分の進む道の道標としたことでした。これには何年もかかっていること、まだその途中であることを思うと、焦らずともいいんだなと感じます。私たちはつい、何ごともなしえない自分を思って焦燥感にかられがちですが、自分自身のなかでゆっくり熟成されていく思いは唯一で、味わい深いと捉えたいです。

SDGsの目標4では、誰もが生涯学び続けられることをめざしています。すべての人々に、だれもが受けられる公平で質の高い教育を提供し、生涯学習の機会を促進する、というものです。人が生きているなかで、問題意識を持ち、問いが生まれ、その問いを考え、解決すべきことに挑戦していくことは、人間ができる素晴らしい社会貢献ではないでしょうか。世界中の人が、それぞれが生きる場所でそれぞれの問題意識と問いを持ち、解決をめざしたら持続可能な社会へ確実に前進していることになります。

その土壌となるのが、包摂的で公平で質の高い教育であり、生涯を通じて学ぶ機会が得られることではないでしょうか。それには、教育機関や制度も重要ですが、個人対個人のコミュニケーションにおいても、多様な意見に耳を貸すことができる人であることや良い方向へ促進していく会話ができる人間形成も大切だと思います。私はそのような方々に助けられてきました。

メディアと市民の関係を見てみると、二〇年前に主流だった「メディアはメディア企業のもので、市民は受け手である」という構図は、ＩＴ革命とデジタル化、通信の発展、ＤＸ（デジタルトランスフォーメーション）、ＳＮＳやＹｏｕＴｕｂｅなどの動画サイトの隆盛によって明らかに様変わりしました。またコロナ禍が一気にオンライン化を加速させました。情報発信手段に悩んでいたＮＰＯ／ＮＧＯや市民・個人はいまや気軽に世界に向けて動画配信ができ、メディアを自分のものとして活用しています。メディア企業も自前の媒体だけでなくＳＮＳや動画配信などのメディアを利用し、その垣根が低くなっています。

日本でラジオ放送が始まった一九二五年からおよそ百年、テレビ放送が開始された一九五三年から七〇年がたって、情報の受け手であった個々の人々がその手にメディアを手にする時代になりました。世界で行なわれていることが、自分のことのようにリアルタイム動画で見ることができます。ウクライナのゼレンスキー大統領が日本の国会で演説したこともオンライン化の恩恵によるものでしょう。手にしたツールを使った発信の〈次〉を、私たちが持続可能な世界のためにどう考え活用していくのかが、いま問われているのではないでしょうか。

4

エコアナウンサーへの道を歩む

結婚、そして新たな船出

二〇〇六年に修士論文という課題を果たした私は、その年の九月二三日、三二歳の誕生日に結婚します。幼馴染の夫は、共働きの開明的な両親のもとで育ち、家庭内の男女の平等は、夫にとっては幼いころから身に着いており、このことは結婚してからの我が家の家庭環境や子育てでも発揮されています。

結婚にともない、長年住み慣れた仙台を離れ、夫の働く東京で暮らすことになりました。東京都文京区千駄木。仙台と音が似たこの場所が私たちの暮らしている地域です。実際に暮らしてみると、東京は坂の多い街だと実感しました。そして坂に名前がついているのが新鮮です。高校生時代、私が片道三〇分かけて自転車通学した仙台市北部もアップダウンが多かったのですが、一つ一つの坂の名はついておらず、坂の名前の表示もほとんどなかったように思います。千駄木の自宅の近くに、〈狸坂〉〈きつね坂〉〈むじな坂〉など、愉快な動物の名前の坂が多いのは、この辺りに山や林があり、動物も出てくるような江戸の外れだったということでしょうか。〈団子坂〉はお団子屋さんがあったからか、雨の日に転ぶと泥んこのお団子のようになるからか、〈動坂〉は江戸時代に不動明王像があって〈不動坂〉と呼んでいたのを略して〈動坂〉になったとか……　由来を知るのも楽しい散歩コースです。

坂道やビックリするほど狭い路地を散歩し、買い物のために往き来するのが好きです。このあたりはまだ、長く続く八百屋さんやお魚屋さん、お肉屋さんなどが残っていて、店先で売り物をつくる姿が見えます。谷中銀座の川魚屋さんでは魚や貝の重さを秤ではかって包んでくれるし、店のおじさんおばさんと二言三言会話する楽しみもあります。夜店通りの魚屋さんではお願いしておけばお刺身のお造りも用意してくれるし、あのパン屋さんの絶品パンドミが並ぶのは三時ころまで、あのお肉屋さんで今日はアメリカンドックを揚げている、などなど、頭に入れて下町のお店での買い物はとても楽しい。そして銭湯がいくつもあるのが嬉しく、のちに生まれる娘とは、いっしょに近所の「ふくの湯」に行って大きな湯船で手足を思い切り伸ばすことになります。すると、どこかのお母さんが「そっちは熱いからこっちがいいよ」と教えてくれたりして、ほんわかする街です。

高村光太郎の妻で、福島県二本松市出身の画家・智恵子は、「東京に空が無い」「阿多多羅山の山の上に毎日出てゐる青い空が智恵子のほんとの空だ」と言ったとか。一九二八年（昭和三年）発表の光太郎の詩「あどけない話」の一節です。「高村光太郎旧居跡」は千駄木にあって、わが家のすぐ近くですから、九〇年以上前とはいえ、見上げる空は同じ。もしかして、そのころの東京の空は工場からの煤煙などで汚れていたのでしょうか。だから智恵子さんは「東京に空が無い」と歎き、強い望郷の念にとらわれたのでしょうか。「でも」と、天気中継で空を見上げてきた私は思うのです。「智恵子さん、いま千駄木に空はありますよ」と（もっとも、この詩の「空」は比喩であって、当時の「空」そのものとは関係ないという説もあるとか）。マンション一一階のわが家の窓からは東京の大きな空が見えます。ときには虹も見え、誰もが虹に笑顔になって子どもたちが歓声を上げます。宅配のお兄さんが足を止めて写真を撮り、すれ違う人とおたがいに「きれいですね」と声をかけます。虹が出ればその全景が見える、これも東京の本当の空です。

坂の街では虹が大きく見えます。坂では密集した家々に高低差がついていて歩みを進めると開けた場所がふっと出てきて、そこでは視野が広くとれるので虹の全景が見えたときの喜びがひとしおです。副虹（ふくにじ）が出て、二重（ふたえ）の虹になることもあります。どしゃ降りが上がった後の、夏の太い虹もいいですが、くっきりと鮮明でしかもあたたかな冬の虹にも独特の味わいがあります。

空は日々時事刻々、表情を変えます。うろこ雲、いわし雲、ひつじ雲、すじ雲、もつれ雲等々。青空だけが空の魅力ではなく、千変万化の雲こそが青空を引き立てるのかもしれません。千駄木の空の雲の魅力を智恵子さんが一時でも感じていたなら、一息つけるときがあったのだったらいいな。

『ちい散歩』のレポーターに

さて、心機一転はじめた東京暮らしでしたが、覚悟はしていたものの、東京でフリーアナウンサーの仕事をすることは、予想以上に大変でした。

何しろ東京には、フリーアナウンサーはそれこそ、うろこ雲の数ほどいるのです。有名元局アナウンサー、元アイドルタレント、現役の女優俳優、元有名スポーツ選手……　もちろん私のように地方から上京してきたフリーアナウンサーも大勢います。仙台でお世話になったスタッフから「がんばってね」「彩子なら大丈夫」と送り出してもらったのですが、仕事の声はなかなか掛かりません。

仙台時代の所属事務所のマネージャーが奔走してくれ、東京でお世話になる事務所は大橋巨泉さんが経営するオーケープロダクションに決まりました。フリーアナウンサーにとっては代表的なプロダクションの一つです。しかし、最初に会ったマネージャーは初対面ではプロフィールも受け取ってくれず、正直にこう言われました。「地方で仕事をしていたあなたみたいなタレントは東京にはたくさんいる。よほど特別な何かがないとむずかしい」と。「何かあったら声かけるよ」とのことでしたが、あんのじょう連絡は来ません。

上京して半年ぐらいたった二〇〇七年のある日、プロダクションのマネージャーから「〈ちい散歩〉という番組の通販コーナーのレポーターのオーディションがある。行けますか?」と電話がありました。

この『ちい散歩』、俳優・地井武男さんが東京近郊を散策するテレビ朝日の人気番組で、二〇〇六年四月から始まっていました。月から金まで午前九時五五分から、三五分間放送。その後ブームとなる散歩番組の草分け的な存在で、私もとくに近くの谷中とか根津、千駄木付近が出ると、熱心に見入っていた番組です。

番組スタッフとの面接は緊張しましたが、幸いにも合格。地井さんの散歩コーナーの後半に放送される『いいもの探し　ちい散歩くらぶ』という通販コーナーに日替わりで出演するレポーターとなることができました。

地井武男さんはウラオモテのない、気さくで誠実な方でした。『ちい散歩』で散歩している素のままの人柄で私たちに接してくれたことは忘れられません。通販コーナーで紹介する品物も、自身で販売店に電話をして、自分の名前を隠して一般の客として購入し、いいものかどうか試していました。スタッフ全員が地井さんを信頼し、大好きでした。

それだけに二〇一二年六月、地井さんが体調を崩し、まだ七〇歳というのに亡くなられたことは残念でなりません。

『ちい散歩』は加山雄三さんによる『ゆうゆう散歩』、さらに高田純次さんによる『じゅん散歩』に引き継がれ、今日にいたっています。ありがたいことに私は、通販コーナーのレポーターの一人として、産休をへた現在も一五年間、出演を続けています。

ボイストレーニングと点字図書館のボランティア

新しい土地で何かを始める期待や不安。なんとなく心がざわざわするときに、何ができるのか、迷い考えることは無駄ではないはずです。仙台時代はレポーターとして、伸び伸びと素のまま仕事をさせてもらうことができ、眼前のスケジュールをこなすことに精いっぱいでした。それだけにアナウンスの基礎が不安だという思いがあったのです。

基礎的な能力を鍛え直すために私が取り組んだのは、ボイストレーニングと視覚障碍者の方に向けた日本点字図書館での音声訳のボランティアでした。

まずボイストレーニング。『ちい散歩』のレポーターとなった二〇〇七年四月から毎週一時間ずつ、マンツーマンのボイストレーニングを始めました。滑舌と、発声を基礎から勉強し直すことにしたのです。先生は有名声優さんなどを生徒に持つボイストレーナーで、レッスンの際には子どものころから見ているアニメの声優さんがいて、感激しました。

ボイストレーナーの先生は、私の体格、姿勢、癖などを見て的確にアドバイスしてくれました。妙なクセがついていると遠慮なく指摘されたおかげで、少しずつ共鳴が伸び、響きがラクになったことを実感できました。ときに「自分自身に革命を起こしなさい、自分の制御できない声が出て初めて発声だ、自分で自分の声を制御しないこと」など、どうしたら実現できるのか、わからない言葉が飛んできましたが……　どこに気をつければいいのか、発声をジブンゴト化するのに大いに役立った二年半でした。

そして音声訳のボランティア。ボイストレーニングで少し自信をつけたあと、高田馬場にある日本点字図書館で、二〇〇九年から始めました。仙台時代から興味はありましたが、やはり時間がなく実現できずにいたことです。視覚障碍者のための図書を音読し、録音するわけですが、「音声訳」であって、「朗読」ではありません。演劇的ではなく、アクセント通り正確に淡々と読むことが求められます。視覚障碍者は音声だけが頼りですから、何より正確でなければいけません。

このボランティアは、自分の欠点を見つめ直し、矯正するという点でも役立ちました。点字図書館には専門の司書がいて「音声訳」をチェックします。最初に読んだのは『屋根の上のヴァイオリン弾き』の訳本です。驚くほどたくさんのダメ出しが入りました。なんとA3サイズの用紙にびっしりと4枚分で、心底落ち込みました。それまであまり意識していませんでしたが、東北で生まれ育った私は、標準アクセントの正確さに欠けていたのです。それ以来、「アクセント辞典」でこまめにアクセントを確認することを習慣化しました（ただし、これはあくまで「音声訳」に関わる話。私は「アクセント辞典」が示すいわゆる標準アクセントは尊重しつつも、秋田弁や宮城弁をはじめ、各地域の方言は喜怒哀楽が心底伝わる大切なコミュニケーションで、地域の誇りだと思っています）。

週数回、昼食をはさんで一回六時間の録音はクタクタになりましたが、四年ほど集中的に行ないました。一冊の本を音声訳するのに何十時間もかかります。修正を重ね、司書の方に校正してもらい、やっと音声訳ができあがります。私が読んだ本はいずれも完成品で七時間を超え、いちばん長い本は『クローバー・レイン』の九時間五九分です。どなたかの耳に入って、少しでもお役に立てていますようにと願います。

宮本隆治アナウンサーに教えられて

二〇一二年七月、元NHKアナウンサー宮本隆治さん司会の歌謡番組『宮本隆治の歌謡ポップス☆一番星』（CS放送「歌謡ポップスチャンネル」）の初代アシスタントを務めることになりました。幸運にも宮本さんのアシスタントとなったことは、アナウンスの基礎技術を鍛え直すことにつながり、実践的に学ぶ得がたい機会になります。

宮本さんのアナウンスは響きが深く、ソフトで歯切れがよく、聞いていて心地よい。NHK時代から大好きでした。私が生まれる一年前の一九七三年にNHKに入局、帯広放送局をふりだしに、京都、福岡、東京と各地で活躍、日本全国のことをよく知っていて日本中どこの方とも地元話をすることができる方です。ニュース・スポーツ・料理などにも明るく、とくに歌謡に関しては一九九五年から二〇〇〇年まで、六回連続で「紅白歌合戦」の総合司会を務めていました。歌手や作詞家・作曲家の方々からの信頼もとても厚く、司会のオファーが絶えません。

アシスタントをはじめた当初、私は歌謡界に縁もゆかりもなく、右も左もわからないありさまでした。とにかく演歌・歌謡曲について勉強しようと、ネットや本、代々木上原の古賀政男記念館で、その歴史や時代背景、歌手について調べまくりました。宮本さんはそんな私の姿勢をかってくれたのでしょう、番組収録の際には、歌手の方への私の質問を補助してくれました。おかげさまで私は、演歌・歌謡曲に素人ながら、伸び伸びとアシスタントとして笑顔でいられたのです。

宮本さんは歌謡界の大御所から新人歌手の方まで、みなさんに同じように敬意を持って接し、ていねいに、ときにユーモアを交えて会話していました。インタビュー相手とはステージをともにしたことが多く、また中堅どころの歌手の方の場合はデビューに立ち会ったこともあって、既知の歌手の方々がほとんどですが、それでも事前の準備をしっかりされます。番組のゲストどなたにも、愛すべき一人の人間として接しているので、相手も自然と心を許し、つい本音や他の番組では話されないことを吐露してしまうのです。

この番組を通じて強く思ったことは、宮本さんと向かい合った方はきっと自分に自信を持って話ができるだろうなということ。それはおそらく、これまで宮本さんがアナウンサー人生で出会った市井の人々のなかに、それぞれの物語を感じ、大切なものとして心に刻んできたからではないでしょうか。私も司会者としてインタビュアーとして、相手の方に安心感を届け、応援し続けたいとあらためて心に銘記しました。

また、歌謡番組以外で、流行語大賞や、日本人ノーベル賞受賞者のパーティなどで司会を務められたとき、私は宮本さんの隣でアシスタントをさせていただいたことがあり、ハレの場での司会者としての気概や優しさ心配りなどを学んでいます。

技術的な改善点も多く教えられました。改善すべきことをきちんと示して、みずからやって見せてくれます。たとえば、ごく最近（二〇二一年）、私のナレーションで「サ行」が甘くなることを指摘されました（私は出産後、『宮本隆治の歌謡ポップス☆一番星』でナレーションを担当しています）。コロナ禍で直接会えなくても、オンラインツールのＺｏｏｍを使い、顔を見ながらの指導です。

チャレンジ精神旺盛な宮本さんは、古稀を迎えられた二〇二〇年からＹｏｕ Ｔｕｂｅに挑戦し、「宮本りゅうじチャンネル」を開設。その「宮本りゅうじチャンネル」に私が講師役として登場したことがあります（二〇二〇年一〇月）。動画「櫻田彩子先生に教わるＳＤＧｓ‼ ＰａｒｔⅠ・ＰａｒｔⅡ」、サブタイトルは「孫たちのためにＳＤＧｓを学ぼう！」。宮本さんとのかけ合いで、テンポよくわかりやすいＳＤＧｓ動画ができました。師匠と慕う宮本さんに講座を行なうということで緊張しましたが、師匠は学ぶ姿勢で、なおかつ、私の進行がしやすいように水をむけるなど、終えてみるとやはりその背中でファシリテーション

（良い結果のための進行）を示してくれていました。宮本さんは人を活かし育てる師匠です。

「エコアナウンサー」としての活動

仙台時代に出会った方々は、いろいろなかたちで私を助けてくれました。そのなかでとくに、その後の大きな方向性を与えてくれたのは、二〇〇七年一一月の「ストップ温暖化センターみやぎ」主催の『エコdeスマイルコンテストinみやぎ』の司会の仕事です。「ストップ温暖化センターみやぎ」を運営しているのは公益財団法人「みやぎ・環境とくらし・ネットワーク（MELON）」。

このコンテストは、環境省主催の『ストップ温暖化一村一品大作戦』の宮城県予選でした。東京での全国大会は二〇〇八年二月に開かれ、学校・団体・自治体・企業などの地球温暖化防止に関する草の根的な取り組みを掘り起こし、取り組み者に全国大会で、四分間のプレゼンテーションをしてもらい、表彰するという当時例をみないコンテストでした。「ストップ温暖化センターみやぎ」の長谷川公一センター長（当時・東北大学大学院文学研究科教授）が全国大会の企画の中心的な担い手の一人だったこともあり、宮城県大会が全国大会のモデルとなります。そして幸運にも、宮城県大会の司会だった私が全国大会の司会に指名されました。宮城県大会の私の司会を見て、全国大会の司会を任せてくれたのが、当時、全国大会を運営していた「全国地球温暖化防止活動推進センター（ＪＣＣＣＡ）」の職員だった桃井貴子さんです。

この大会は三年続いたあと、民主党政権時代の事業仕分けによって環境省主催ではなくなり、民間企業から開催資金を集めるかたちになります。二〇一〇年度以降は、『低炭素杯』として一〇年間開催され、二〇一九年度以降は『脱炭素チャレンジカップ』と名称を変えて、今日にいたっています。私は出産間際だった二〇一五年二月の全国大会を除き、計一三回にわたって司会を担当しています。

『脱炭素チャレンジカップ』でも、日本中で地球温暖化防止に資する生徒・学生のみなさんの研究実践、保育園・幼稚園・小学校・中学校での教育や地域づくり活動、ＮＰＯ／ＮＧＯ、企業や自治体が地域と連携して行なう地球温暖化防止の取り組み、市民団体の脱炭素への取り組みの発表が行なわれ、人と人がつながり多彩な化学反応が起きました。一回一回が私の糧となっています。

二〇〇七年にはじまったこのイベントこそが、「エコアナウンサー櫻田彩子」となる直接的な契機であり、私のアナウンサー人生を大きく変えたのです。

私がエコアナウンサーを自覚し、心を決めたのは、名付け親ともいえる小林さんはもとより（このときのエピソードは「はじめに」に記しました）、長谷川先生と桃井さんの存在抜きには語れません。

長谷川先生は日本を代表する環境社会学者です。気候変動政策や環境社会学の著書も多く出版されており、市民のために裁判の原告団長になることもいとわない「行動する社会学者」です。

一村一品大作戦の全国大会の司会に推薦してくれた桃井さんは、二〇〇八年から「気候ネットワーク」（地球温暖化防止を目的として活動するNGO／NPO）に移りました。複雑な環境問題などについてもていねいに教えてくれる二歳年上の頼りがいのある先輩です。私も気候変動を考える市民活動を応援したいという思いで「気候ネットワーク」の会員になり、数年後に理事となりました。おかげで、日本政府の気候変動対策やエネルギー対策に関する視点や世界のなかの日本の状況を学ぶことができています。

NPO職員として

環境問題や環境NGOの分野では、素敵な女性たちが活躍しています。シンポジウムなどでの堂々とした発言、社会での実践、司会者の私にかけてくれる励ましの言葉など、その背中を追いかけたいと思う人がいます。宮城学院女子大学時代に先生が教えてくれたsisterhood（女性同士の連帯）を実感します。

そのお一人が『低炭素杯』の審査員でもあった株式会社クレアン代表の薗田綾子さん。クレアンは、薗田さんが起ちあげたコンサルティングの会社で、マルチステークホルダーを巻き込みながら「企業の価値創造と社会の価値創造を同時に推進する長期視点の統合経営」にもとづくさまざまなサービスを企業や自治体などに提供しています。薗田さんは、みずからが事務局長（当時）を務める特定非営利活動法人「サステナビリティ日本フォーラム」の運営委員会に私を誘ってくれました。

「サステナビリティ日本フォーラム」は世界の潮流や日本企業や社会の動向を読み解き、常に持続可能な社会のための情報開示を考え、資源を提供しているＮＰＯで、時代の最先端のサステナビリティ経営、企業の気候関連財務情報の開示などについて日々議論しています。私は二〇一三年、このフォーラムの運営委員会で、初めてＳＤＧｓの前身であるＭＤＧｓ（ミレニアム開発目標）の考えに触れました。ＭＤＧｓは、二〇〇〇年に一八九ヵ国が参加した国連ミレニアム・サミットで採択された国連ミレニアム宣言をもとに、開発分野の国際社会共通の目標としてまとめられたもので二〇一五年までに達成すべきとされた世界的目標です。

現在、私はサステナビリティ日本フォーラムの運営委員兼事務局次長としても仕事をしています。事務局長で、ものすごい頑張り屋で忍耐力ある阪野朋子さんとともに子育てママ同志、子どもへの思いや子育ての悩み、子どもたちが生きていく未来へ思いを馳せながら、その思いを原動力に事務局業務に携わっています。二〇二二年秋、創立二〇周年を迎え、私が司会を担当し特別シンポジウム「これまでの20年とこれからの20年　情報開示のガイドラインを超えて～真のサステナビリティ経営とは～」を開催することができました。社会人学生のころに読んだ後藤敏彦代表理事のサステナビリティ経営に関する文章「新しい企業経営の戦略：情報公開とコミュニケーション」（谷本寛治編著『ＳＲＩ社会的責任投資入門』所収、二〇〇三年、日本経済新聞社）は先見の明というべく、二〇年たったいまも色あせることなく輝いています。

整理収納アドバイザー

私が一〇年以上司会を担当させていただいているもう一つの仕事は『整理収納アドバイザー全国フォーラム／フェスティバル　二〇一一～二〇二二』です。

整理収納の結果、家から出る不要物をごみとして燃やすのか、リユースするのか、分別リサイクルをするのか、毎日を地球にやさしい暮らしに方向転換していくことなど、暮らしのなかの整理や片付けは地球環境と繋がっています。整理収納と環境との親和性は高いのです。

あるとき、ネットで整理収納という言葉が光って見えた気がして検索すると、「特定非営利活動法人ハウスキーピング協会」が整理収納アドバイザーという資格を認定していることがわかりました。講師陣のなかに大法まみさんの名前を見出し、ハッとしました。二〇〇七年にイベントの仕事で出会った広告プランナーの大法さんです。その後も何度かいっしょに仕事をしていたので、興奮気味に連絡すると、整理収納アドバイザー2級講座を勧めてくれたので、さっそく申し込みました。この2級講座を受けたときの興奮は忘れられません。「この考え方だ！ 整理収納や片付けの能力は育った環境に依存するものではなく、習得できるものだったんだ」。まさに目から鱗とはこのことでした。

整理収納アドバイザー資格の責任者である澤一良代表理事は著書『一番わかりやすい整理入門』（一般社団法人ハウスキーピング協会監修、二〇〇七年、株式会社ハウジングエージェンシー出版局）で、「正しい整理のスキルは、整理をする人の心が正しい認識にあるときに初めて身に付くのです」と記しています。

家が片付かないのは誰のせいでもないと気がついて、とても心が軽くなりました。乱雑な家のなかで子ども時代を過ごしましたが、それは親のせいでも、私のせいでもない。そう気がついた瞬間に、心のわだかまりを一つ手放すことができました。

二〇〇三年設立のハウスキーピング協会の整理収納アドバイザーの有資格者数は、二〇二二年一二月現在、累計一八万人を越えています。それだけ共感する内容で、生活に取り入れやすく、役に立っているということだと思います。当初はほとんどが女性アドバイザーでしたが、いまは男性のアドバイザーも多く活躍しています。

整理収納アドバイザーの持つ背景は多様性に富み、建築士、教員、防災士、ＩＴ、ＡＤＨＤ（注意欠如・多動性障害）、タレント、終活、介護、気象予報士、事務、企業人、主婦、インテリア、研究者、心理学、広告、ＳＤＧｓ……等々、専門分野を数え上げれば切りがないほどです。アドバイザーの数だけ背景があり、みなさん自身の専門性を生かしながら、整理収納アドバイザーとして活動しています。整理収納の考え方と、各々の専門分野の考えと合体させて独自の道を切り拓いていて、誰もがオンリーワンなのです。

フェスティバルの司会をしながら多くの登壇者の方々と出会い、その多様性と独自性に驚かされました。みなさん新たな道を切り拓きながら、どんどん進化しているのです。持続可能な社会をつくるためには、家庭での暮らし方の再考や家庭から出るごみの減量も必須です。

整理収納の可能性を狭めず、全国のアドバイザーを尊敬し、応援してきた澤一良代表理事、吉村知恵理事に心より敬意を表します。

二〇二一年のNPOハウスキーピング協会刊アクティブメンバーズ向け機関誌『整理収納』で、私をアクティブパーソンとして取り上げてくれました。二〇二一年のフェスティバルのトークセッション「わたしたちにできるSDGs」に私がモデレーターとして登壇することに関連する企画です。この機関誌の編集長は前出の大法まみさん、そしてライターは毎年フェスティバルを共に作り上げてきた栗原晶子さん。この記事はご褒美のような私の宝物です。「エコアナウンサー」、最初は「看板倒れ」じゃないか、おこがましい、この程度でそんな大看板を名乗っていいのか、と内心ビクビクして名刺を差し出していましたが、少しずつ学びを重ねて来ました。仕事は一回きりではなく、翌年翌々年と続き、人と人とがつながり、みんなの発想と尽力で良いイベントになり、多くの方に届き、誰かの行動変容につながっていると実感できること、それは励みであり、エコアナウンサーとしての本望です。

SDGs視点で振り返る　自分の道

〈自分の道〉を見つけるということ——私にとってはエコアナウンサーを生きることです。エコロジー（環境）とエコノミー（経済）を考えるエコアナウンサー軸でさまざまな事柄を捉えていくと、不思議と自分の中心が整って、どんな事柄に対しても向き合える気がします。

あなたにとっての〈自分の道〉とはどんな道でしょうか。もし、以前の私と同じように、自分は空っぽだと感じ、無力感に苛まれて自信がないなら、あなたがつねづね感じている疑問をはっきりさせ、問いを大切に育ててみてはいかがでしょうか。問いへの答えはすぐに出ないかもしれませんが、問い続けていく過程で、出会う人や、関心が向いて読んだ本やＳＮＳ投稿など、いろいろな外部環境があなたと必ず結びつくはずです。

あなたの問いと少しでも結びつくことがあったら、誰かに声をかけてもらったら、「自分には無理だ」「なんの得になるのか」「めんどうくさい」とやらない理由を考えるより、半歩進んでみてください。自分に自信が持てなければ、声をかけてくれた人を信じてみるのはどうでしょう。きっとその人は〈あなたの中の何か〉を見出したのだと思います。手を伸ばした先に〈自分だけでは見ることができない世界〉が広がることが多々あります。

ＳＤＧｓの目標17は「パートナーシップで目標を達成しよう」です。「実施手段を強化し、持続可能な開発のためのグローバルパートナーシップを活性化」する、です。目標１〜16までは貧困や格差、エネルギー、経済、環境など世界の問題を掲げていて、目標17はそれらの問題を解決するためにみんなで協力しよう、というものです。

目標17の中の具体的な目標であるターゲット17は「さまざまなパートナーシップの経験や資源戦略にもとづき、効果的な公的、官民、市民社会のパートナーシップを奨励し、推進する」です。少し前までは、企業とＮＰＯなど市民社会はそれぞれ別々に活動していて、企業とＮＰＯの連携などは一部に限られ、しかも企業のＣＳＲ（社会的責任）や社会貢献の文脈で行なわれていましたが、ここ数年、潮目が変わりつつあります。

二〇二二年四月にＩＰＣＣ（気候変動に関する政府間パネル）は「第六次評価報告書（ＡＲ６）第三作業部会報告書（ＷＧ３）」を公表し、「パリ協定1.5度目標の達成には二〇二五年までにＧＨＧ（温室効果ガス）排出量がピークを過ぎ、二〇三〇年までに43％削減の必要」と発表するなど、二〇三〇年までの人類の行動が決定的に重要になっています。

課題は分野別に存在するのではなく、横断的に繋がっています。パートナーシップで課題を解決することを試みれば、いくつもの課題をいくつもの分野で解決することができる、それがＳＤＧｓ視点です。そうやっていろんな課題を早くたくさん解決していかないと間に合わないのです。つまり、不可逆的な気候危機を回避するために人類が乗り越えるべき壁は、パートナーシップを阻害する何か、なのかもしれません。

企業もＮＧＯ／ＮＰＯ、市民社会、学校、行政、世代を超えた人たち、それぞれがつながることに一歩二歩と進んで、協働でアクションを起こすことがあたりまえの時代がもうそこまで来ています。

5

東日本大震災の衝撃

地震発生の日

二〇一一年三月一一日金曜日一四時四六分、大地震が起こりました。東日本大震災です。

そのとき私は、近所のスーパーに買い物に出ていて歩いていたためか、最初は地震だと気づきませんでした。通りの向こうの動物病院のガラスがゆらゆら歪んで見えるので、変だなと思いつつよく見ると、なかの看護婦さんが怯えた表情で外を見ています。ガラスが波打つほどに揺れていて、ビニールのように見えました。

大きな通り（本郷通り）に出ると、揺れはどんどんひどくなり、道路を挟んでビルとビルが反対方向に揺れています。大変だ、東京が壊れる。そばにある標識につかまっていると、ビルからどんどん人が出てきました。道路の車も停車したまま、揺れが落ち着くまでみんながその場で待ちました。

能代の小学校三年生のときに体験した日本海中部地震の発生時の風景が蘇ってきました。ここ数日、宮城で地震が続いていたので「宮城かもしれない」と思い、揺れがおさまると、宮城県にいる両親、兄弟姉妹、夫の両親、知っている限りの親族にメールを送りました。返信はすぐに返ってきて、母からは「電気が消えちゃった。ご飯が炊けない」に困った顔の絵文字付きのメールで少しホッとしました。都内で働く夫からも無事を知らせるメールが届きました。

マンションに戻るとエレベーターが止まっていて一一階まで階段を登り、こわごわ部屋に入ると、棚から食器、コップ、ワイングラス、ビン等々が落下し、割れていました。

テレビをつけると、全国放送で仙台の各放送局が生中継で津波の状況を伝えています。テレビの前から動けず、涙が流れました。トイレに立つこともできず、数時間じっとニュースを見ているしかありません。宮城県沿岸、岩手県沿岸に押し寄せ、街を飲み込む黒い津波。

夜になって夫が帰って来ました。ふだんは公共交通で一時間ほどの所から、六時間歩いてきたと言います。

しだいに被害状況があきらかになり、思い出の場所が被災、壊滅状態となったと知って、心の動揺がとまりません。そして福島原発事故は世界中に大きな衝撃を与えることになります。原発の安全神話が崩れ去った瞬間でした。福島やその近郊の方々の避難状況が聞こえてくるころ、東京に拠点を置く外資系企業が拠点を大阪に移しているという話も聞こえてきました。

必死に物資を送る

地震発生からしばらくして、ついに、宮城の誰とも電話がつながらなくなりました。仙台市の夫の実家とも、隣の富谷市（とみやし）の私の実家とも、四日間にわたって連絡がとれません。三月一五日、ようやく仙台の夫の祖母の家の黒電話（昔からの卓上電話、アナログ回線）だけがつながったので、時間を決めて、義父母と間接的に用件を伝え合うことにしました。

連絡がとれるようになると、「何がない」「あれを買っておいてくれるとありがたい」とわかってきます。宅配はすべて止まっていましたが、送れるようになったらすぐに送れるようにと準備をはじめました。ガスボンベのように、輸送の安全性の問題から必要でも送れないものもありますが、日持ちのする食べ物や缶詰、電池などは買っておく必要があります。マイバッグをたくさん持って夫と買い物に出ましたが、近所ではすでに売り切れていました。電車を乗り継いで何軒も店をまわり、少しずつ買いためました。

宅配が動き出したとき、仙台では、卸町と富谷の配送所に届けられて、そこにそれぞれの人が取りに行くかたちになりました。双方の実家宛ての住所で送り、配送所まで車で取りに行ってもらうわけです。父に聞くと、最初のときは荷物の受け取りに三〜四時間並んだそうです。ライフラインの復旧に時間がかかることがわかると、お湯を沸かせるように電熱器を買い送ったりしました。

やがて義母から、被災地で困っている女性たちに荷物を送りたいから、買える物があれば送ってくださいとリストが届きます。夫とその両親は、一九七八年六月の宮城沖地震を体験していました。義母は正義感が強く、被災した女性たちに対する衣類の洗濯サービスのボランティアもかって出ていました。社会的関心も高く、行動力がある人です。女性に必要なものは、行政のルートではなかなか届きにくかったそうで、私は友人や番組でいっしょに仕事をしている人たちにも個人的に頼み、衛生用品や下着、Ｔシャツなど細々したものを何度か送りました。わが家まで、電車を乗り継ぎ大きな荷物を担いで来て、どっさり支援物資を届けてくれる友人もいて、その行動が本当にありがたかったです。

無力感にとらわれながら

ゴールデンウィークに仙台に帰れるようになったとき、義母の依頼でいっしょに、東松島の月浜に荷物を届けることになりました。義母が月浜の状況を知る友人から頼まれたからでした。

義母に依頼されたとはいえ、本当に行っていいのか、先方の邪魔になるのではないのか、もしかして嫌な思いをさせるのではないかと、じつは逡巡がありました。

松島は、湾内の小さな島々がクッションの役割を果たしたそうで、海に面した五大堂なども大きな被害ではなかったと現地の方に聞きます。しかし奥松島の仙石線野蒜駅付近から南は被害が大きく、野蒜海岸の被害には言葉がでませんでした。

とくに宮戸島の南端で、外洋に面した月浜は壊滅的でした。二〇軒ほどあった民宿は高台にあった一軒を残すだけで、一九軒全部瓦礫になっていたのです。車を降りて見渡すと、足が震え、体がすくんで動けなくなりました。この光景は一生忘れません。

涙がにじみましたが、自分が被災したわけではなく、大変な人たちがいるのに、自分がここで泣くのは卑怯ではないか…… 何もできない、何も力になれないと無力感を感じます。

しかし、やはり現場に来てみないとわからないのです。富谷の実家も、震災直後に電話口では「庭で煮炊きしているし、大丈夫。水もなかったけれど、雪で食器を洗ったよ。工夫したんだよ。自衛隊から特別な缶詰を貰ったよ」などと明るく話していましたが、五月に実際に行って聞いてみると、携帯電話の充電をするために役場に通ったり、続く余震のなかでの不安などいろいろな苦労をしていたことがわかりました。震災直後、仙台の高齢の義父は、電気が止まって冷蔵庫が使えなくなり、食欲もなくご飯もロクに食べていなかった、寒い時期に温かいものを食べていなかったそうです。みんなずっと我慢していました。

それでも、知り合い同志助け合って物資を届けたり、友人にお風呂を借りたり、日本各地のガス会社の人が都市ガスの復旧に助力してくれたという、心がほっとする話も聞くことができました。仙台の友人・家族たちはコミュニティを作り、ともにガソリンを買う行列に並んだり、食料を手分けして買ったり、ご高齢の方のお宅に声をかけたり水を届けたりと、不自由なところを少しでも安らげる状況を作るべく、努力していると教えてくれました。このころのみんなからのメールには必ずといっていいほど「笑顔で会える日を楽しみにしています」と添えられていて、必ず会えますようにと幾度もこの言葉を噛みしめました。

活動を再開する

震災直後、仕事は軒並みキャンセルだろうと思っていましたが、三月一五日の火曜日から番組収録をすることになり驚きました。安否確認のメールをやりとりした友人からは、「宮城はひどい状態だから、東京の彩子は、少しでも働いて何とか世の中まわしてください」というメールが来ました。何人もの人から同じようなメールが届きました。そういうふうに思ってもらえるのか。いまは何もできないけれど、とりあえず目の前のことをやるしかない。

「できること」をすることが、間接的に経済をまわすことにつながるはず。これらのメールは、うれしくもあり、友人たちの思いを考えると切なく胸が張り裂けそうでした。

また、仙台のフリーアナウンサーの先輩で、朗読家としても活躍していた渡辺祥子さんが、「被災地の心を伝えるお話し会」を少しずつ全国各地で行なっていて、東京での開催の手伝いをしています。このときも、私の東京の友人たちは場所の確保や人集めに奔走しました。会の終了時に、来場者の方々から、被災地域の人のいまの声を聴くこと、少しでも寄付をすることが被災地域のための行動を起こすことに繋がった、という感想をいただきました。祥子さんはそれから一〇年以上たったいまも被災地域に寄り添い続けていて、その活動は著書『困難を希望に変える力　3・11　10年後のことづて』（二〇二一年、3・11を語り継ぐ会）に紹介されています。ぜひご覧ください。

当時、三十年来の友人の本間景子さんが勤めていた仙台の雑誌編集社で東北応援のプロジェクトを立ち上げ、私も東京の友人たちに声をかけ、救援物資を集めました。友人は気仙沼や石巻など被災地域への救援物資のお届けを終えるたび、そのようすをメールで送ってくれました。

このとき、友人が物資を届けたなかに「木の屋水産」があります。ごく最近（二〇二二年）、宮城県美里町に新しくできた工場と販売店に、六歳の娘と行きました。そのとき、娘が自分で選び、お小遣いで買った絵本が『きぼうのかんづめ』（二〇一二年、きぼうのかんづめ出版プロジェクト）。お店のお母さんが「いい子だね、ありがとうね、ありがとうね」と何度も言ってくれました。娘がこの絵本を読んだのは小学一年生の夏ですが、気持ちがざわわしたり、悲しかったり、うれしかったところに付箋をはりました。『きぼうのかんづめ』をいっしょに読んだ娘も私も、同じ気持ちだったと思います。

被災地の取材

仙台出身であることから、震災から半年後の九月、担当番組で被災した地域に取材に行くことになりました。宮城県角田（かくだ）市、岩手県釜石市と奥州市へ、企業に話をうかがうかたちでの取材です。

仙台時代には沿岸地域の多くの場所で取材をしています。イチゴ、ホッキ、カキ……あの方たちはどうしているだろうか。あの揺れを現場で体験していない自分は、何を聞いてよいのか。尋ねる資格があるのか。自問自答しながら取材に向かいました。

震災後、私はいろいろなことに臆病になっていました。こんなことを言ったら相手を傷つけるのではないか、何かをすることによって誰かを傷つけてしまわないだろうかと。しかも相手を傷つけたことで傷つく自分が嫌だし、自分が傷つくことをも怖れています。

お話をうかがうことは、辛かった体験を思い出させてしまうことでもあります。親戚でも友人でもない、見ず知らずのレポーターが、悲惨な体験を思い出させ、テレビカメラに収録していいのでしょうか。

ところが、実際に町の方にお話しをしてみると、率直にあのときの状況を答えてくれました。たまたま街頭インタビューで、釜石のある工場の経営者ご夫婦に話をうかがった折には「大丈夫、元気だよ」と笑顔で話してくれました。そして「工場も家も流されちゃったけど、私たちも従業員も元気だから――」と泣きながら。何も言えなくて、ただいっしょに泣きました。取材クルーもみんな。

初めて会った方たちなのに、みなさん、ていねいに話してくれ、笑って「ありがとうね」と言ってくださったのです。極限状態を経験した人の懐のなかで許してもらっている気がして、とても救われました。臆病になって何もしなければ、被災した方々との間とのコミュニケーションも繋がりもそもそも成立しません。どんと胸を借りて、こちらが傷ついてもいいという覚悟と、少しでも分かち合いたいという思いが距離を縮める助けになると、強く感じた取材でした。

それまで生きてきた三七年で、尊敬や謙虚や感謝という言葉をこんなに実感したことはありません。

能代市の助役だった祖父は日本海中部地震からの復興に献身しました。東北出身の一人として、宮城のテレビ局で一〇年間育ててもらったフリーアナウンサーとして、東日本大震災からの復興過程にどのように関われるのか、応援できるのか長く、向き合っていきたいと思います。

昔の絵本や口伝を読むと、釜石の「津波てんでんこ」のように、後世へ伝えようと多くの伝承が残っています（「てんでんこ」とは「各自」「めいめい」ということ。「自分の命は自分で守れ、津波が来たらすぐに高台に避難しろ」という意味合いです）。警鐘を鳴らし続けてきた方もいました。それでも、私自身をふくめ、ほとんどの人にとって、どこか他人事だったのかもしれません。昔の人たちが教えようとしてくれたことを、私たちがこれから先に伝え続けていかなければ、また同じことが起きるのです。伝承の歴史を途絶えさせてしまう。津波だけではなく、命を守ることは、環境のこと、気候変動のこと、すべてにつながっています。

私がやるべきことは、借り物ではない、自分が咀嚼した言葉で伝えることだと感じます。

逃げてはいけない。うぬぼれてもいけない。謙虚に、誠実に関わっていくこと。

東日本大震災は、エコアナウンサーとしての覚悟をあらためて私自身に突きつける出来事でもありました。東日本大震災のときの思いは、東北環境パートナーシップオフィスEPO東北が発行した『環境活動40の証言　3・11あの時　東日本大震災　2011年3月11日(金)14時46分からの物語』(二〇一二年)に、四〇番目のレポートとして掲載されています。

SDGs視点で振り返る

求められる発想の転換

東日本大震災が私たちに与えた影響ははかり知れません。私の大切な友人はご家族を津波で亡くされました。その友人のお母さんは震災の後の想像を絶するご心労のなかでも笑顔で私に接してくれました。「あやちゃん、女川(おながわ)、変わっちゃったよー」と半分泣いた優しい声が忘れられません。女川の海産物をたくさん、段ボールいっぱいに何度も送ってくれました。目標11「住み続けられるまちづくりを」は不可欠です。東日本大震災の津波被害が深刻な宮城県や岩手県の沿岸部、原発事故で大きな影響を受けた福島県の浜通り地方は、人口流出に歯止めがきかない状況です。仙台市や東京との地域間格差は拡大する一方です。Uターン者、Iターン者をどう呼び込むことができるのか、どの地域でも課題です。住み続けられるまちづくりのためには、食べていけるまちづくりが必要です。そして、地震・津波、気象災害の多い日本では、減災をめざすターゲット11・5「貧困層及び脆弱な立場にある人々の保護に焦点をあてながら、水関連災害などの災害による死者や被災者数を大幅に削減し、世界の国内総生産比で直接的経済損失を大幅に減らす」、災害リスク管理を目的とするターゲット11・b「二〇二〇 年までに、すべての人々を含むことを目指し、資源効率、気候変動の緩和と適応、災害に対するレジリエンスを目的とした総合的政策・計画を導入・実施する都市や集落の数を大幅に増やし、〈仙台防災枠組 二〇一五―二〇三〇〉に沿って、あらゆるレベルで総合的な災害リスク管理を策定し実施する」はいよいよ重要になるでしょう。なお、「仙台防災枠組」についてはのちほどふれます（一一八頁）。

誰もが自分が住まう場所での防災・減災・レジリエンスを身につけることはもちろん、被災地域から離れた場所にいる私たちには何ができるのでしょうか。

地域で震災以降も活動を継続している方も多くいます。南三陸町に本拠地を置く特定非営利活動法人「ウィメンズアイＷＥ」のみなさんは女性支援の視点で女性のまなざしでしなやかな社会をめざして継続して活動を行なっています。震災後、代表の石本めぐみさんに南三陸をご案内いただきました。石本さんらが現地に災害支援の活動で入られ、女性のがんばる姿を見て、その後の女性支援継続のために立ち上げられた団体がＷＥです。

甚大な被害そのもの以外にも、被災地域での女性のおかれる立場が脆弱であることや人権などの課題が災害時にいっそう顕在化します。ＷＥのビジョンは「いのちと暮らしを真ん中に」「自分を活かし歩み続ける女性たち」、ミッションは「地域女性をとりまく環境を手入れする」「地域女性のエンパワーメント」「地域女性の声を内外に伝える」です。

直接現地に行くことができなくても活動などのサポートが可能です。たとえばWEのみなさんは毎年七月九・一〇日、東京の駒込大観音で行なわれる「ほおずき市」（コロナ禍では中止）に出店などのイベントも行なってきました。そのようなときに物販を購入したり、団体のマンスリーサポーターとなることでも応援できます。WEの活動はSDGsの目標5「ジェンダー平等を実現しよう」にも大きく貢献しています。

目標5は、ジェンダー平等を達成し、すべての女性・少女のエンパワーメントをおこなうことをめざしています。

二〇二二年世界経済フォーラム（WEF）が発表した「ジェンダー・ギャップ指数」では調査された一四六カ国（二一年一五六カ国）のうち、日本は一一六位（二一年一二〇位）でした。これは主要七カ国（G7）では最下位です。

一位はアイスランド、二位はフィンランド、三位はノルウェー、四位ニュージーランドで、G7では、ドイツ一〇位、フランス一五位、英国二二位、カナダ二五位、米国二七位、イタリア六三位、日本一一六位。近隣では韓国が九九位、中国が一〇二位です。このレポートでは世界がジェンダー・ギャップを解消するまでに一三二年（二一年約一三五年）かかり、とくに日本を含む東アジアと太平洋で一六八年（二一年一六五・一年）かかるとしています（グローバル・ジェンダー・ギャップ・レポート2022／世界経済フォーラム（weforum.org））。

今回の調査では、パンデミックの混乱と弱い回復がジェンダー平等への一三二年の遅れに関連していると指摘しています。これ以外にも、各国の規模や歴史伝統や社会背景などの違いは当然あるわけですが、だからといって日本が何もしなくてよいという理由にはなりません。目標5のターゲットのいくつかを見てみましょう。

・ターゲット5.4「公共サービス、インフラ、社会保障政策の提供や、各国の状況に応じた世帯・家族内での責任分担を通じて、無報酬の育児・介護や家事労働を認識し評価する」。

・ターゲット5.5「政治、経済、公共の場でのあらゆるレベルの意思決定において、完全で効果的な女性の参画と平等なリーダーシップの機会を確保する」。

・ターゲット5.b「女性のエンパワーメントを促進するため、実現技術、特に情報通信技術（ICT）の活用を強化する」。

・ターゲット5.c「ジェンダー平等の促進と、すべての女性・少女のあらゆるレベルにおけるエンパワーメントのため、適正な政策や拘束力のある法律を導入し強化する」。

などが挙げられていますが、達成できていないことが容易に想像できます。ジャパン・アズ・ナンバーワンと言われた先進国で、ある程度の経済力を維持し、ある程度の学力で……ある程度満足しているように見える日本に、こんなにも女性に関する課題があるのです。WEFのレポートの順位を見ても、日本は世界的に致命的な問題を抱えているといえるでしょう。気がついていない、声が届いていない、声を上げられていない、伝統的な女性男性の役割などの暗黙の了解のなかで暮らしている私たちがジェンダー平等を実現するためには、あたりまえを見直してみることがとても重要です。

二〇二〇年一〇月時点で日本の人口は男六一三五万人／女六四七九万人です。人口の半分より多い女性の活動が制限されていることを気づいてもいないとしたら、どれほどの損失となるのでしょうか。これを良い機会と捉え、女性側の声だけでなく、男性側の声も聴き、これまでのステレオタイプの男女の役割を見直すことができそうです。女性が家事育児、男性が家庭の大黒柱を期待されるというようなストレスも双方にあるでしょう。ジェンダー平等の実現は、日本の人口減の問題とともに、早急に解決していく必要に迫られています。

日本の現状では子どもを産み育てることにもっとも長い時間関わり大きな役割を担ってい

る女性に対してのまなざしと、子どもへのまなざしの大切さには高い親和性があります。子どもを支援するには家庭への支援が必要であり、大家族社会から核家族社会へ移行したいまは、社会全体で子どもを育て関わる必要があります。私たちには、子ども、女性、男性、をひっくるめて発想の転換が必要ではないでしょうか。

6

四〇歳、かーちゃんになる

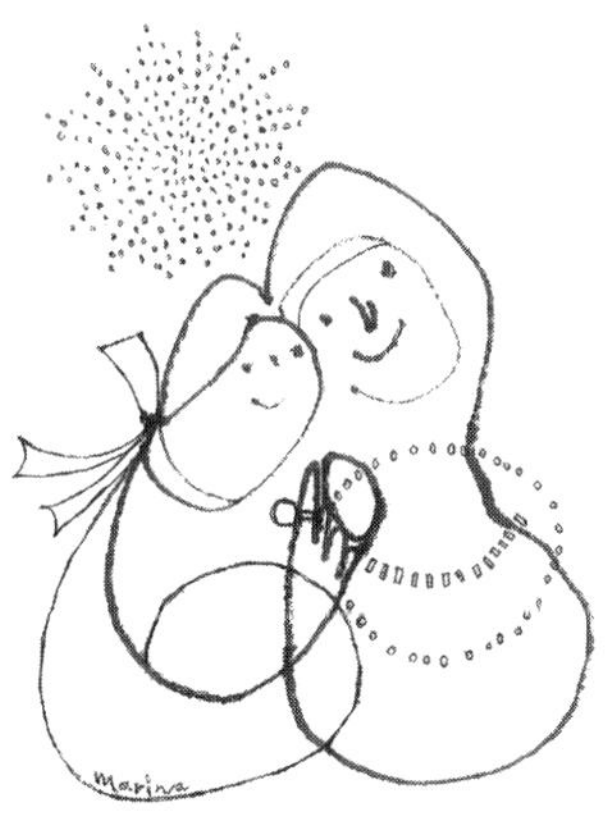

子どもが生まれる

二〇一五年三月、四〇歳の私に子どもが生まれました。会いたくてたまらなかった人についに会えた！　私の人生のなかでいちばん嬉しく誇らしかった日です。夫も、親戚も、友人も、みんなが喜んでくれました。

どういうタイミングで子どもを産み育てるのか、働く女性にとって、共働きの夫婦にとって、つねに大きな問題です。しかもフリーランスの場合は、会社員や公務員のような産休という制度がありませんから、妊娠出産子育てと仕事との板挟みの問題はさらに大きなものがあり、一大決心を要します。会社員や公務員ならば、母子手帳に「産前六週間（多胎妊娠の場合は一四週間）は、事業主に請求することにより、休業することができます。産後八週間は、事業主は、その者を就業させることができません。ただし、産後六週経過後に医師が支障ないと認めた業務については、本人の請求により、就業させることができます」とあるように、産前・産後の休業が規定されていますが、フリーランスは個人事業主であり、事業主は自分自身です。自分で産休を決めることができる一方、働けない間の金銭的補償はありません。休みは収入ゼロを意味し、しかも復帰を保障されていない状態で、休まざるをえない厳しさがあります。休みによって、契約打ち切りと言われても文句は言えない、というのが実情です。

高齢出産といわれる三五歳を過ぎると、親戚からは、会えばいつも、子どもについて聞かれました。また、私の父母や夫の父母は口には出しませんでしたが、孫を期待する気持ちは伝わってきました。私自身も三六歳になった二〇一〇年ごろには、このままでは子どもを持てないのではないかと感じはじめていました。

そんなときに東日本大震災が起きます。この震災を契機に、それまで当然だと思われていた家族の絆、家族のつながり、歴史のつながりをあらためて考えるようになった人が多いのではないでしょうか。私は子どもを産みたいと心から願うようになりました。四〇歳近くになった高齢ではタイミングを選んでいる時間的余裕はありません。

それにしても、高齢出産となったことで、夫の祖母に存命のうちにその子に抱かせてあげることができなかったことを、いまでも申しわけなく思っています。心から可愛がっていた夫の子である曽孫に本当に会いたかったはずですから。私の能代の祖父にも、母のように慕っていた能代の伯母にも、私の娘を抱かせてあげられませんでした。

妊娠から出産まで

妊娠がわかったのは二〇一四年七月です。流産や不妊治療を経験後の四〇歳でした。予定日は翌年四月。私のお腹のなかに、新しい命が毎日どんどん細胞分裂を繰り返し、数ミリの大きさから親指大になり、そして妊娠四ヵ月でこぶしほどの大きさになっていきます。

妊娠が判明した直後からつわりがあり、食べ物が苦く感じました。いつも胸やけしているようで、夫の料理もおいしく食べられなくなりました。苦く感じるけれど好んで食べられたのは、夫の作るシンプルなトマトソースのパスタと、ポン酢をつけ汁にして食べるそうめんでした。

やがてお腹が徐々にふくらみ、戌の日の水天宮のお参りの日に初めて胎動を感じました。妊娠六ヵ月ごろ、タクシーで水天宮に向かったとき、お腹のなかでグルンと赤ちゃんが回転した感じがして、本当にママになるのか、大丈夫か？と不安になると同時に、命を宿している実感が湧きました。

担当マネージャーに相談し、仕事はできるかぎり続けるようにしました。妊婦のフリーアナウンサーがめだちはじめたお腹で、ふつうに仕事をすることは、大げさにいえば社会的にも意味のあることかもしれないと、ひそかに思っていました。番組のスタッフもあたたかく見守ってくれました。現状では、フリーランスの仕事を続けるのは、多くのみなさんの理解と協力なしにはむずかしいことです。

二〇一五年三月、予定日より二週間早く、フエーフエーと、か細い産声をあげて、二七〇〇グラムの女の子が生まれました。お地蔵さまのような、落ち着いた顔でした。切迫流産のリスク管理のための入院中に、私が名前の案を考え、夫と相談して、紬（つむぎ）という名前にしました。紬織りのように糸を紡いで布を作り、いろいろなものを創造する可能性と、人と人を繋いで良い影響を生み出してほしいという願い、そして多くのご先祖様から未来へつなげる人、という思いを込めました。

自分の赤ちゃんを初めて見たときの光景は、いまも目に焼きついています。妊娠中のたびたびの入院もいっしょに乗り越えて、無事に生まれてくれました。無垢で、無防備な、まっさらの命。いっしょにがんばってくれて、本当にありがとう。仕事もいっしょにがんばったね。切迫のときもしっかりお腹のなかでつかまっていてくれたね。生まれたときはパパのてのひらにおさまるくらい小さかったけど、紬は強さを秘めている気がしたよ。

産後はわたしのおっぱいの出が少なく、二四〇〇グラムに減ってしまいましたが、ミルクを足すと、ぐんぐん大きくなってくれました。軽く握ったこぶしの指を一本一本ひろげてみると、指も爪もとても小さく、爪なんて二ミリ四方くらいです。赤ちゃんの爪ってこんなに薄くて小さいんだ。

退院後、自宅に帰って台所のシンクにたらいを入れてお湯を張り、体を洗うと、火がついたようにギャーギャー泣いていました。寒かったのか、新米かーちゃんの必死さが伝わったのか……。

生後すぐの赤ちゃんは泣くことしかできません。お腹空いた、おしっこ、ウンチ、眠い、さみしい、寒い、暑い、と泣くことが赤ん坊の意思表示です。次第になんとなく泣き声で、何を求めているか聞き分けられるようになってきました。赤ちゃんに「ママ、今私はこれを求めていますよ」と教えられている気がしました。子を産んでも、すぐに母親になれた気はしません。一瞬一瞬をいっしょに過ごし、関わって、つながっているという実感が生まれてきて、母親ってこんな感じかなと思うくらいでした。正直に言って、八年たったいまでも、母親役を務められているのか、はなはだ疑問です。

体がついていかないことも多々ありますが、気持ちは手を抜かないで向き合って来たつもりで、良いか悪いかはわからないながら、私たちにできることはやってきたはずの八年でした。

夫は、それまで以上に早めに帰宅し、料理に励みました。抱いてあやし、授乳後、背中をトントンと軽く叩いてゲップを出させたり、体重測定したり……　だんだんオムツ替えやお風呂もできるようになりました。寝かしつけは苦手なものの、得意な料理で貢献します。親は遠方のため、日常はほぼ私と夫の二人でやりくりです。そばに必ず誰かいなければならない、目が離せない赤ちゃん・幼児時代は、おたがいの得意を尊重し、役割分担ができると、ママの負担が減ることを実感しました。三歳くらいまでは、子どものことを除くと、夫と話す時間もなかったように思います。私はいつも子どもしか見ていなかったし、細切れの睡眠時間で朦朧（もうろう）としていた三年間でした。

赤ちゃんに添い寝して、二〜三時間おきに授乳をし、オムツを替えます。赤ちゃんの背中にはセンサーがついているかのように、布団に置くと泣きました。夜泣きをしない赤ちゃんもいるというのは、信じられませんでした。一年くらいは産後のアドレナリンが出ているのか、本能的に子どもだけを見て、全精力をつぎ込んでいたように思います。

愛おしくてたまらない存在ですが、「時よ、止まれ」というゲーテの言葉のように永久にこのままでもいい、という思いではなく、か弱くて私がいないと生きていけないこの生き物が少しでも早く成長してほしい、この世で生きていく力を一秒でも早く身につけてほしいと祈っていました。

仕事に復帰する

さて、では仕事復帰が気にならないかといえば、違います。フリーランスは復帰できる保証はなく、忘れられてしまうかも知れない、私がいなくとも番組もイベントもまわります。早く復帰できたらいいなぁという焦りもありましたが、生後二、三ヵ月の娘をどうすればいいというのでしょう。フリーランスは常勤職ではないので、保育園に入る順番も不利です。しばらくは手探りで、いろいろやりくりし、さまざまな方のお世話になりながら、格闘する日々が続きます。

二〇一五年六月開催の『地球温暖化防止全国ネットの設立五周年の記念式典』が最初の復帰のイベントとなりました。

当日、何人もの方が出産祝いの温かい言葉をかけてくれたことが忘れられません。また仕事ができるんだ、今日の仕事を無事終えられたという復帰の喜びが湧くと同時に、感謝の思いがあふれ、帰り道は急ぎながらも久しぶりの一人歩きの空気を思い切り吸い込みました。

七月にはテレビ朝日の『若大将のゆうゆう散歩　いいものさがし』に復帰、プロデューサーはじめスタッフや出演者のみなさんが温かく迎えてくれました。ひと昔前と違い、仕事の現場でも、多くの方が妊娠・出産を前向きに捉えているように思います。産前に「ぜひ、復帰してください」と言ってくれていましたが、局員ではないのにも関わらずテレビの世界で本当に復帰できたことが嬉しく、女性の働き方が少しずつ変わっているのを感じました。

その後、もう一つのレギュラー、『宮本隆治の歌謡ポップス☆一番星』にもナレーションでの復帰がかないました。司会の宮本さんは「彩子さん、仕事が入って赤ちゃんのお世話が大変なときは、僕を呼んでください。僕がみてあげますから。孫がいますから大丈夫ですよ」とまで言ってくれました。まさか本当にお願いできるはずもないのですが、その心がとても嬉しく、ありがたく感じました。

娘が一歳となる三月、産後初めての泊まりがけの出張が入りました。『グリーンパワー全国サミット２０１６in和歌山』です。太陽光発電や小水力発電の事例には、再エネだけでなく、人づくり、地域づくり、コミュニティづくり、観光資源づくり、教育、子育て、地元への誇り、いろんな思いと志が繋がり、学びと出会いの二日間でした。

この土日の二日間、娘と夫は初めて、東京で二人だけで過ごすことになります。心配する私に夫が送ってくれた写真で、娘はコップをくわえていました。歯が生えだしてむずがゆいのか、このころはよくコップをくわえたがり、顔にコップの丸い跡がついている写真を見ながら、思わず泣き笑いしたものです。関西空港から羽田行きの最終の飛行機に乗り、娘の布団にもぐり込んだのは、夜中一時半。ホッ。我が家も、家族としての強さを少し獲得できた気がした出張でした。

やっと保育園に入れた

子どもが二歳を迎えた三ヵ月後の二〇一七年五月、ようやく保育園に入ることができました。自転車で片道二五分の文京区の臨時保育園です。

それまでは、遠方の親、ベビーシッターさん、いろいろな方の世話になりました。一時保育といって、認可保育園で一日あずかってもらえる枠があり(定員数名)、五つの保育園に登録しました。病児保育を行なっている病院にも世話になり、ベビーシッター代を半額補助してくれる文京区発行のチケットは使いきりました。仕事に出てもベビーシッター代で赤字になるような状況ではとても助かりました。保育園に入る前は、仕事の日にむけて、頭のなかが時間調整の算段でフル回転。臨時保育園には一年通い、その後、徒歩一五分の近所の認可保育園に入ることができました。

区の認可保育園に入るには、点数制が導入されています。両親ともにフルタイムで働いていると点数が高いのですが、フリーランスは点数が低いのです。この点数を上げるためにいわゆる「保活」が必要になります。認可保育園に入る前に、民間の保育園に入り、一定期間以上一時保育を利用している、親が近くにいない、ということなどが点数アップの理由になります。いまは待機児童もかなり改善し、保育園の数も急増していますが、二〇一五年ごろは区の待機児童解消の制度実現はこれからという感じでした。

女性管理職として定年まで働いていた義母に、五〇年前はどうしていたのか聞くと、当時の働く親たちで保育園をつくったと教えてくれました。祖母にも世話になったそうですが、いつも明るく前向きで、人のために働きながらボランティアも行なってきた義母はすごい人です。

幸いにもわが子は丈夫で、熱も出さず、お腹もあまりこわさず、おおむね予定通りに仕事をすることができて助かりました。

多くのお母さんが感じることだと思いますが、慈しんで育てたい一方で、赤ちゃんと向き合っている数年間には一日が永遠に感じられることがあり、夜泣きが続く数年は、お母さんも産後の体力が落ちているうえにひどい寝不足ですから、フラフラです。赤ちゃん以外に会う人もなく、大人と話す機会も少なく、孤独で精神的にまいってしまうこともあります。

そんな時期と並行して赤ちゃんはすくすく育ち、歯が生えはじめ、離乳食もはじまり、腹ばいになって、はって前進できるようになります。娘が最初に私の膝に腹ばいでにじり寄ってきたときは、えもいわれぬ嬉しさでした。自分の意思でこちらに向かって来てくれた初めての行動でした。笑い顔に笑う意思が見え、どんどん人間らしくなって体重も増えていきます。このころ、夫がよく「親は大変だけど毎日少しでも大きくなってくれることに励まされる」と言っていました。私もヘロヘロのときはその言葉を反芻していました。

SDGs視点で振り返る

生まれたときから社会の一人

ＳＤＧｓの目標3は「すべての人に健康と福祉を」です。あらゆる年齢のすべての人々の健康的な生活を確実にし、福祉を促進することで、老若男女問わず、みんなが健康的に安心して生き生きと生きることが目標です。ＳＤＳＮ持続可能な開発ソリューション・ネットワークとドイツのベルテルスマン財団が発表している各国のＳＤＧｓへの取り組みと達成状況を示す「ＳＤＧインデックスとダッシュボード」によると、目標3が達成されているのはノルウェーとオーストラリアのみです。先進医療が発達している日本やヨーロッパ諸国でも課題が残るとの評価です。指標による日本への評価を見ていくと、14の指標とＯＥＣＤ諸国のみの3指標のなかで「結核の発生率」だけが課題が残るとなっており、他の指標はすべて達成となっています。出産時に関わる妊産婦死亡率・新生児死亡率・5歳未満の死亡率も達成されており、私も出産時の医療の恩恵を受けた一人です。

高齢で切迫流産のリスクがある私の受け入れが可能だったのはＭＦＩＣＵ（母体・胎児集中治療室）がある病院のみでした。運よく、その病院に不妊治療から続けて通うことができ、

ＭＦＩＣＵに入院することもありましたが、徹底した管理のもと、無事に出産することができました。

長引くコロナ禍ですが、目標３のターゲット3.8、3.bなどがすべての人が医薬品やワクチンの利用ができること、研究開発支援などに言及しています。

私が司会を担当した二〇二二年三月開催の『ジャパンＳＤＧｓアクションフォーラム』で、国連広報センターの根本かおる所長は、「新型コロナウィルス感染症が世界で大流行し始めてから三年目。ＳＤＧｓ達成のための行動の一〇年に入ってすぐ起きたパンデミック、これによってＳＤＧｓの達成は後退を余儀なくされ軌道から大きく離れてしまっています。持てる人と持たざる人の格差が経済的暴力と称されるほど広がっています。こうしたなかでＳＤＧｓの誰一人取り残されないという大原則に共感するからこそ日本でＳＤＧｓへの関心が高まっていると感じます」と口火を切り、ウクライナ危機の現状と国連の人道支援機関が政府やＮＧＯなどと連携し命をつなぐ緊急援助活動や軍事行動の停止行動の模索について言及、特に、コロナ禍、格差、ウクライナ危機とエネルギー問題、気候変動などの問題の繋がりを明確に示されました。

根本さんの話をうかがい、私が大事なことと受けとった言葉を以下に記します。

ＳＤＧｓに関して、平和があって初めて豊かな世界がある。ウクライナ危機で世界中が影響を受け、食料エネルギーなどの価格高騰でもっとも影響を受けているのは途上国であり、その脆弱性に拍車をかけているのが進行する気候変動。ＳＤＧｓの諸課題への縫合的なアプローチを軸に、連帯の精神でいっしょに乗り越えていくことがいまほど必要なときはない。

忘れてならないのは気候変動の進行は待ってくれないこと。アントニオ・グテーレス国連事務総長は「ウクライナ危機は化石燃料に依存することで、いかにエネルギー安全保障、気候変動対策、世界経済が不正確に左右されてしまうかを示している」と指摘している。危機的状況にあるＳＤＧｓをふたたび軌道に乗せ、複雑な方程式を解く必要がある。国際協調、多国間にもう一度命を吹き込む。平和で公平で包摂的でグリーンな世界を築く。国際議論に魂を吹き込むのは地域でのアクションである。

根本さんの話をうかがって、あらためて問題の連関の大きさに愕然とするとともに、小さな存在と感じる自分たち一人ひとりが、選ぶこと、行なう行動が、世界中の物事とつながっていて、悪くすることも良くすることもできるということ、私たち一人ひとりの重要性に気がつかされます。

生まれ出づる子どもたちは、生まれる世の中を選べません。子どもたちが生きる近い将来が持続可能な社会につながるのか、その鍵はいまを生きる私たちの手のなかにあるのです。

7

SDGsが拓く未来

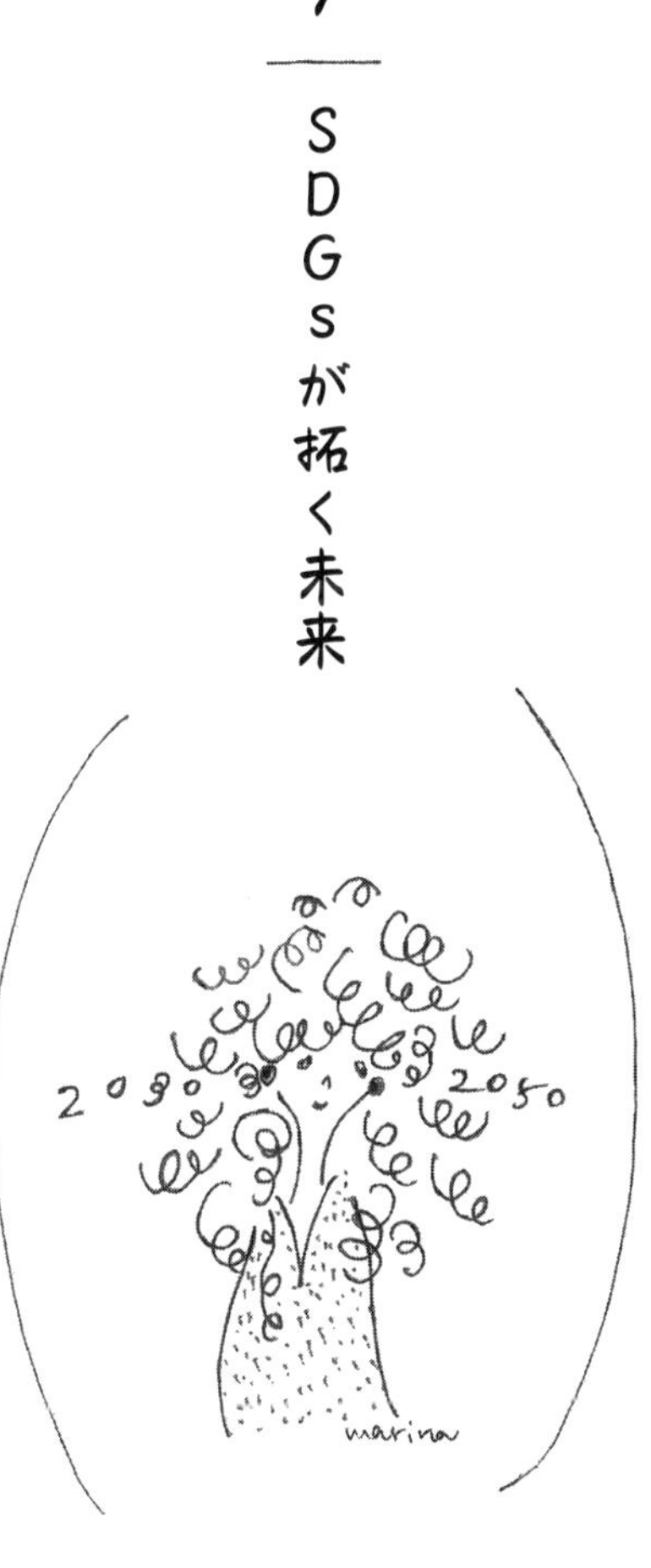

歴史的な年となった二〇一五年

娘が生まれた二〇一五年、三つの大きな出来事がありました。
まず三月、東日本大震災から復興を進めている仙台で、第三回国連防災世界会議が開催されます。一八五カ国の政府代表団、四九の政府間組織、一八八のＮＧＯ、三八の国際機関など、二五名の首脳級を含む一〇〇名以上の閣僚、国連事務総長を含む六五〇〇人以上が参加し、全体では延べ一五万人以上が参加、日本で開催された国際会議としては最大級となりました。この会議ですべての国連加盟国により採択された成果文書が「仙台防災枠組 二〇一五—二〇三〇」です。この仙台防災枠組では「成果・ゴール・７つのグローバルターゲット（目標）」が掲げられました。

そして九月、国連総会で、ＳＤＧｓ（持続可能な開発目標）が採択されます。すべての国連加盟国一九三ヶ国が、全会一致でＳＤＧｓを中核とした「二〇三〇アジェンダ」に合意したのです。さまざまな利害対立、文化や価値観の対立、体制やイデオロギー、宗教の相違を乗り越えて、まがりなりにもではあるにせよ、合意が実現しました。内容については次項以下で詳しく触れます。

さらに一二月、気候変動に関するパリ協定が成立します（ＳＤＧｓの目標13に対応）。私は若き日、八年間にわたる天気中継キャスターの経験で気候の異変を肌で痛感し、それ以降、エコアナウンサーたることを自覚して、気候変動防止に関する『低炭素杯』（現在は『脱炭素チャレンジカップ』と改称）の司会を十数年担当してきました。気候変動問題がエコアナウンサーの出発点です。

パリ協定の意義は大きく、その一つは、二〇五〇年以降、排出される温室効果ガスの量を実質ゼロとすることが目標になったこと（カーボンニュートラルと呼ばれています）。二〇五〇年は遠い将来のようですが、娘は三五歳、私たち夫婦が七六歳です。子どもが生まれるまではリアリティが乏しかったのですが、わが子を目の前にすると、この子が二〇五〇年を、二〇七〇年を、二〇九〇年を生きる、そして二一〇〇年を八五歳で迎える、そのとき、美味しい空気を吸えているだろうかという不安がよぎります。毎年のように異常気象に怯え、巨大台風や洪水、熱波、熱中症におののくことがあってはならない。紅葉に季節の移ろいや哀愁を感じることができるようであってほしい。

じつはパリ協定採択直前の一一月、フランスでは約一三〇人が犠牲になる同時多発テロ事件が勃発していましたから、成り行きが心配でした。亀裂と分断、政治的対立がいよいよ深まっていることに心痛みますが、かろうじて踏みとどまり、地球の未来にとってとても大事なＳＤＧｓそしてパリ協定が誕生したことに胸が高鳴りました。

二〇一五年は〈仙台防災枠組〉〈ＳＤＧｓ（持続可能な開発目標）〉〈パリ協定〉が採択されるという歴史的な年になりました。世界の発想の転換、パラダイムシフトがはじまったのです。

気候危機や災害のリスクを減らすことができなければ人間の安全が守られず、ＳＤＧｓの目標のどれも達成することができません。これら三つの大きな指針は、人類が三位一体として取り組むことが重要です。エコロジー（環境）とエコノミー（経済）を応援するエコアナウンサーという私の願いは間違っていなかったと確信できました。エコアナウンサーの仕事は、持続可能な未来についてともに考え、応援し、伝えることにあるのですから。

SDGsをジブンゴトにする

ＳＤＧｓを中核とする国連の文書「二〇三〇アジェンダ」の表題は「私たちの世界を変革する」、世界をよりよい方向に変えるという決意が示されます。そして決議書には「誰一人取り残されない」No one will be left behind という理念が強調されていました。「誰一人取り残されない」、この言葉にハッとしたことはすでに書いたとおりです（一一一頁）。この理念は、貧困や餓えに苦しむ人たち、障がいや病気を抱えている人たち、差別に苦しむ人たち、気候危機や災害に怯える人たち等々、そうした構造的に虐げられた人たちを取り残さないことに主眼がありますが、さらに普遍的な広がりを持ちます。実際、秋田県の小さな町の小学生だった自分をふりかえって、当時、学校でこの言葉を学ぶことができたら、どんなに精神的に救われたでしょうか。そして、祖父母や伯母が支えてくれているように、誰かが、社会が、自分を支えてくれるんだと気づかされたかもしれません。

さて、ＳＤＧｓが掲げる17の目標と169のターゲットでは、さまざまな課題が共有されます。どの目標ひとつとっても、その目標だけを解決することはできません。なぜなら、各目標は相互に関連しているからです（次頁表参照。櫻田作成）。

たとえば、「目標7　エネルギーをみんなにそしてクリーンに」は「目標13　気候変動に具体的な対策を」や「目標12　つくる責任つかう責任」などいくつもの目標とつながります。見方を変えれば、一つの目標につながる課題があるなら、その他の目標にもつながり、その課題も解決できるのです。それぞれを課題と考える関係者が価値を共有し、お互いの利点をみつけ尊重しあえるのです。このように気候変動の問題も他の目標と関連していると捉えると裾野が広がり、より私たちの生活と近くなります。他人事ではなく、自分事＝ジブンゴト

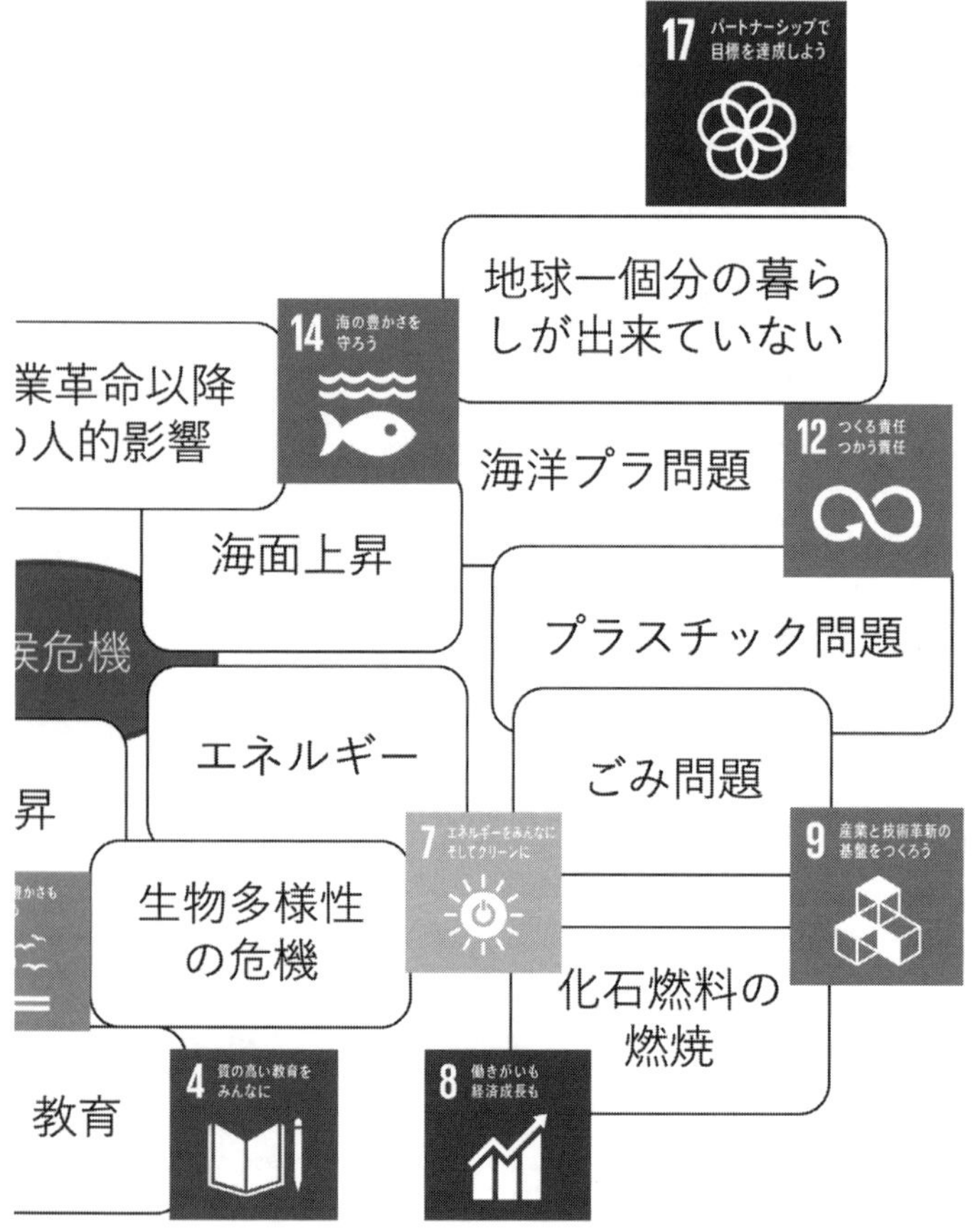
17 パートナーシップで目標を達成しよう
地球一個分の暮らしが出来ていない
14 海の豊かさを守ろう
業革命以降
の人的影響
海洋プラ問題
12 つくる責任つかう責任
海面上昇
候危機
プラスチック問題
エネルギー
ごみ問題
昇
7 エネルギーをみんなにそしてクリーンに
9 産業と技術革新の基盤をつくろう
生物多様性の危機
化石燃料の燃焼
教育
4 質の高い教育をみんなに
8 働きがいも経済成長も

例）関連する課題と目標

1 貧困をなくそう
16 平和と公正をすべての人に
6 安全な水とトイレを世界中に
13 気候変動に具体的な対策を
紛争・戦争
異常気象
10 人や国の不平等をなくそう
2 飢餓をゼロに
水食料危機
格差・不平等
気候難民
気温上
5 ジェンダー平等を実現しよう
3 すべての人に健康と福祉を
国産木材利用
15
11 住み続けられるまちづくりを
過疎化高齢化
科学・

です。

ＳＤＧｓをジブンゴトにするというのは、それぞれの人が、自分自身が置かれている文脈のなかで、ＳＤＧｓの本質を解釈し、実感することではないでしょうか。排他的にならないかぎり、それぞれの人の自己流の解釈、思い入れがあっていいでしょう。ＳＤＧｓの目標について考えてみると、自分と目標のどんなことがつながっているか見えてきます。

私にとって、国連でのＳＤＧｓの採択は、これまで漠然と考えていた環境・社会・経済の関係を、調和として捉えなおす機会となり、同時に生い立ちから現在までの自分を包みこむ大きなエール（応援）ともなりました。ＳＤＧｓは知る段階を過ぎて、さまざまな人や団体と連携して変革へつなげ、どのようにジブンゴトとして獲得し、どのように暮らしに組み込んでいくかという段階にあります（私なりのジブンゴト化はあとでまた触れましょう）。二一〇〇年もその先も持続可能な地球・社会であるために。

Think the Earth（シンクジアース）の活動

ＳＤＧｓについては、ＮＰＯ活動を通して国連で近々採択予定だという話は聞いていました。私が関わる特定非営利活動法人「サステナビリティ日本フォーラム」については前述しましたので（四〇頁）、ここではＳＤＧｓに取り組む一般社団法人 Think the Earth という唯一無二の活動を行なっている団体を紹介します。

Think the Earth も地球の未来を考え、先駆的に二〇年以上活動してきた団体です。さまざまな社会課題に対し、クリエイティブの力（創造力や想像力を駆使したアプローチ）やソーシャルの力（環境問題や社会問題の知見やネットワーク）を使って多様な視点から考えるプロジェクトを興しています。設立者で理事の上田壮一さんはじめ、スタッフの曽我直子さん、笹尾実和子さん、みなさんがチームワークもよく、しなやかな考えをもって、多くのステークホルダー（関係者）の方々との協働を可能にしています。

Think the Earth は国連でＳＤＧｓが採択されるとすぐ、ＳＤＧｓについて教育を通して伝える活動をはじめました。その活動の柱が「子どもたちと未来を考え作る」を実践している SDGs for School です。学校現場で、既存の方法にとらわれずに社会課題について考える授業や取り組みを実践する先生や子どもたちを支援する活動で、二〇一七年にプロジェクトがはじまりました。当時中高生だったメンバーもいまはもう大学生、堅苦しくなく楽しみながら活動を続けていて、そのようすを知るなかで気づかされることが多くあります。私も未来をになう子どもたちに多様な地球をつなぎたい思いで、理事・SDGs for School 認定エデユケーターとして活動しています。

Think the Earthは、まだSDGsの本がほとんど出版されていなかった二〇一八年の五月、いち早く『未来を変える目標　SDGsアイディアブック』（紀伊國屋書店）を出版しました。SDGsの17の目標とその目標に貢献する世界や日本での取り組みが記され、さらに考えを深める問いもあり、SDGsってこういうことかと腑に落ちる思考探検ができます。創造性を刺激するマンガやイラストが使われ、手に取りやすい。この本は中高生を対象として書かれましたが、大人が読んでも非常にためになります。私は折りにふれ、老若男女問わず、薦めています。二〇二二年一二月時点では一八刷一一万部を記録し、書籍を通じて科学者の生き方・考え方、科学のおもしろさ・素晴らしさを届ける事業である「科学道一〇〇冊」（二〇二一年）にも選ばれています。韓国語版、台湾語版も出版されています。また、全国から五四校、三〇〇人以上の中高生たちが参加して翻訳に挑戦し、英語教師の方々に編集の協力をあおいだ英語版も出版されました。さらに中高生らが地域で取材し、自分たちの地域のSDGsアクションブックを作る活動も行なわれており、そこから現在進行形でSDGsに貢献するアクションが生まれています。

また、Think the Earthと横浜銀行が協働で作成したアニメーション動画『はじめてのS

DGs』（YouTube）はとてもわかりやすいSDGs案内です。六分ほどにまとめられていて、視聴数は三万回を超えました。私はナレーションを担当しています。まだの方はぜひご覧ください。

気候ネットワーク——脱炭素へのアクション

「市民のチカラで、気候変動を止める」を掲げ、いち早く脱炭素へのアクションを起こしてきたNPOがあります。前身の「気候フォーラム」から数えると二六年の歴史がある、認定NPO法人「気候ネットワーク」です。気候フォーラムは一九九六年十二月にスタートし、一九九七年一二月に開催されたCOP3を成功させるために活動した市民団体。その後、組織・活動をどうするかが検討され、一九九八年四月、気候フォーラムは解散し、気候ネットワークが設立されました。政策提言を柱とする気候変動に取り組むネットワーク団体として、先駆的活動を行なってきました。

私は気候ネットワークのメルマガなどの情報で世界の最新情報を学び、理事として、またエコアナウンサーとして気候ネットワーク主催のイベントの司会をしています。

二〇二〇年一〇月、日本政府はようやく二〇五〇年に温室効果ガスの排出量を実質ゼロにするカーボンニュートルをめざすことを宣言し、私はニュースを見ながらガッツポーズしました。

気候ネットワークのリーダーの一人、平田仁子さんは、二〇二一年環境分野のノーベル賞といわれる『ゴールドマン環境賞』を受賞しました。ゴールドマン環境財団から、草の根の環境活動家に贈られる賞です。一九八九年の創設から、これまでの受賞者は約二〇〇人で、日本人では三人目、日本人女性では初の受賞です。気候変動問題への日本のＮＧＯの活動が国際的に評価されたことは画期的です。とりわけ平田さんと桃井貴子さんら気候ネットワークが中心となって、二〇一二年以降計画された五〇基の石炭火力発電所の新設計画のうち、二〇一九年時点で、四分の一にあたる計一三基が建設中止、現在は一七基が中止となったことが評価されました。

本来、授賞式はサンフランシスコのオペラハウスで開かれるはずでした。サンフランシスコのオペラハウスといえば、一九五一年、当時の吉田茂首相が渡米し、サンフランシスコ平和条約に署名した場所です。今回はコロナ禍のために授賞式はオンラインでの開催となり、あわせて日本向けにオンラインでの受賞記念シンポジウムが二〇二一年七月四日に開催されました。

この受賞記念シンポジウムの司会は私が担当しました。長年のご苦労を思うと平田さんの晴れ舞台は、私にとっても心から嬉しいイベントでした。受賞を讃えるメッセージはビデオ動画で、アル・ゴア元米副大統領、アヒム・シュタイナー国連開発計画（ＵＮＤＰ）総裁、タズニーム・エソップ Climate Action Network（CAN）International 代表、小泉進次郎環境大臣、河野太郎行政改革担当大臣、グリーンピース・インターナショナルのジェニファー・モーガン代表という錚錚たる顔ぶれから祝辞がありました。

アメリカの環境ＮＧＯで武者修行した平田さんは、毎年開催される気候変動防止の国際会議もずっとウォッチし、リポートしてきました。平田さんの博士論文を纏めた著書『気候変動と政治――気候政策統合の到達点と課題』（二〇二一年、成文堂）は、冷静な事象の整理と分析、切れ味鋭い考察で、平田さんが切り開いてきた壮大な思考を追体験できるように感じます。また、一般の生活者には知りえない政府内外の議論や、その政策決定過程などまで、その構造を知ることができます。政府や企業に向き合うときには腹が座った話し方をする平田さんですが、ふだんはちっとも偉ぶらない、細やかな心づかいの優しい方です。平田さんは現 Climate Integrate〈クライメート・インテグレート〉代表理事、気候ネットワーク理事。そして二〇二二年一二月、ＢＢＣ英国放送協会から、さまざまな分野で社会に影響を与える女性「一〇〇Ｗｏｍｅｎ」に選ばれました。

企業も変わっていく

ＳＤＧｓは、国連が二〇〇〇年九月に宣言したミレニアム宣言のエッセンスをまとめたＭＤＧｓ（ミレニアム開発目標）の後継目標という性格を帯びています。

すでに述べたように、ＳＤＧｓの大きな特徴は、環境と社会と経済との統合をめざすところにあります。じつはこれはＭＤＧｓにはなかった大事な視点です。経済の発展は社会的な条件によって成り立ち、社会は自然環境に支えられているわけで、環境あっての社会、社会あっての経済活動という捉え方です。エコロジーとエコノミーの統合をめざしてきたエコアナウンサーとしては、まさに我が意を得たりです。

日本では環境に力点を置く人達は、経済活動や経営、企業の存続に対する関心が乏しい傾向があると思われてきました（その逆もしかりです）。環境問題は重要で、環境問題が社会的弱者に深刻な影響を及ぼしがちだという環境的公正の視点は大事です。しかしそこだけを強調しすぎると、経済界はついてこられないのではないか、社会の多くの人が関心を持ちうるように環境問題を提起していくことができないか、というのが私の抱いてきた問題意識でした。二〇二二年現在では、環境と経済の垣根がかなり低くなっているように思いますし、科学にもとづいて相互に対話をしようという風潮になり、それが成果を上げています。

環境か経済かという二者択一では、不毛な争いのままでなかなか前進しない、ビジネスの方向性を大きく変えていかないと、環境は本当には改善しないように思われます。ドイツや北欧諸国はじめ、EUが示しているのは、このような方向へのビジネスの世界の変革の動きであり、日本にも「三方よし」という考え方が根づいています。またESG投資（E＝環境、S＝社会、G＝ガバナンス）の視点から投資家を含め「四方よし」、さらに未来を含め「五方よし」も考えられます。企業の方々のお話をうかがうと、環境と経済の対立構造はかなり緩和されてきたと感じます。

私の肌感覚では、一〇年前は「環境を優先すればコストがかかり、経済にマイナスだ」という考えはたしかに主流でした。SDGsが登場した八年前（二〇一五年）、企業のCSR（企業の社会的責任）の意識が変わりはじめますが、サステナビリティ（持続可能性：将来世代が彼らのニーズを満たすための能力を犠牲にすることなく、現代の世代のニーズを満たすという概念。またその考えを企業活動に取り込んでいくこと）の担当者はいかに経営層にこの考え方を理解してもらうか、苦心したそうです。現在は、二〇二〇年一〇月に菅首相（当時）が脱炭素カーボンニュートラルに舵を切ったこともあり、企業の事業戦略の本流が事業を通して持続可能な社会を創っていくことをめざすようになりました。そのなかで、環境やサステナビリティを大切に思いながらも、行動に移すことがかなわなかった企業人が生き生きとアクションを起こしているように思います。

劇的に変化した金融関係

とくに金融関係の変化がめざましく、G20の要請を受けて各国の中央銀行などから構成される金融安定理事会が二〇一七年に出した『気候関連財務情報開示タスクフォースの提言最終報告書』（Task Force on Climate-related Financial Disclosures 略称TCFD）は大きな影響力を発揮してきました。気候変動のリスクは金融システムの安定を損なう恐れがあり金融機関の脅威になりうることから、気候関連のリスクと機会に関する組織の運営方法の中核要素であるガバナンス、戦略、リスクマネジメントや事業評価にかかる指標と目標など四項目の情報開示を奨励するものです。

二〇二三年一月現在では世界全体で金融機関をはじめとする四一〇〇の企業・機関が賛同を示し、日本では各国最多となる一一五八の企業・機関が賛同を表明しています。

いま世界の企業では、自社の二〇五〇年戦略として、主にＴＣＦＤの示す提言にのっとって、気候変動下にどんなリスクと機会があり、持続可能な世界のためにどのように活動できるのかをシナリオ分析などを活用し、考え、情報開示していくことが求められています。投資家は企業の開示した情報を見て、投資するか否かを決める時代になったといえましょう。また、企業の気候関連財務情報開示は、持続可能な社会をめざすにあたり自社が重要だとすることは何かをみずから問い、議論し、公にすることでステークホルダーとのコミュニケーション・ツールとしても期待されています。同様に、二〇一九年の世界経済フォーラムで提案、短期間の間にタスクフォース（検討組織）が結成され、二〇二三年の公表が予定されているＴＣＦＤの自然・生物多様性版と言える『自然関連財務情報開示タスクフォース（Task force on Nature-related Financial Disclosures。略称ＴＮＦＤ）も今後企業の情報開示のなかで重要な視点になってくると思われます。

二〇二二年四月からはじまった東京証券取引所のプライム市場への上場にあたっては、ＴＣＦＤまたはそれと同等の枠組みにもとづく開示の質と量の充実を進めるよう求められています。企業はブラックボックス化していては存在することが難しくなっているのです。

社会と企業の持続性を高めるために二〇年活動してきた特定非営利活動法人「サステナ

ビリティ日本フォーラム」では、TCFDの主要文書の翻訳をおこない、二〇一九年から毎年、多様な企業の方々とともに、ワークショップでシナリオ分析を体験し議論をかさね、その手法や考え方を自社に持ち帰ってもらえる「TCFDコンパス研究会」を開催しています。二〇二二年にはTCFDを分かりやすく伝えたいとの思いから、漫画家のかんべみのりさんに協力いただき、「TCFDコンパスマンガ」を制作しました。二〇五〇年の世界を四つの可能性で考えるシナリオ分析など、TCFDを考える導入に使っていただけます。ぜひ、ご一読ください（TCFDコンパスマンガ／サステナビリティ日本フォーラム sustainability-fj.org）。

TCFDを推奨される大企業だけではなく、中小企業や自治体、個人も、自分たちがこれから持続可能な社会にどのように貢献し、そのなかでみずからも存続していくことを考え、ステークホルダーと対話していく必要があります。なにより、みずからをかたちづくる関係性であるステークホルダーとの対話協働があればあるほど、相互理解を得られ、楽しく動きやすいのではないでしょうか。

人と地球にやさしい経済学を

環境と経済を考えるとき、大事なヒントを与えてくれる本があります。千葉大学・倉阪秀史教授の著書『持続可能性の経済理論――ＳＤＧｓ時代と「資本基盤主義」』（二〇二一年、東洋経済新報社）です。倉阪先生は大学の学部時代から、ミクロ経済学が環境問題に対して対処できていないという違和感を抱いていたそうで、三〇年に渡る研究成果が詰まっています。

倉阪先生の著書では、経済学がいつしか自然環境生態系からのサービスを重要視せずに検討されてきたことを指摘、環境を対象とする際には経済学が自己完結しなくなることなどを示しています。気候危機が顕在化している現在、世界は経済の持続可能性を考える必要性に迫られてもいるのです。

倉阪先生は経済学者ケネス・Ｅ・ボールディングが一九九六年に発表した論文「来たるべき宇宙船地球号の経済学」のなかで論じた「カウボーイ経済」と「宇宙飛行士経済」について述べています。「カウボーイ経済から宇宙飛行士経済への転換にあたって、利潤・効用最大化を旨とする経済体制自体を放棄する必要はない。問題は、生産者と消費者からいかにして宇宙飛行士経済型の行動を引き出すかという点にある。このためには、生産者と消費者に、十分な通過資源価格と不要物の処理費を認識してもらう必要があろう。また消費者に生産物の物量情報を伝える必要があろう」と言っています。「カウボーイ経済」とは、広大な土地にいるカウボーイのように〈資源や環境の制約がないかのように浪費する経済〉のこと。これに対して、「宇宙飛行士経済」は、地球を一つの「宇宙船」と考え、〈限られた生態系やシステムの内にいることを理解したうえで営む経済〉です。

私なりの理解で言い換えれば、「開拓し奪う経済ではなく、限りある環境のなかでの経済へ移行していくにあたり、経済をすべて否定する必要はなく、生産者と消費者からどうやって限りある環境のなかでの売り買いが可能となる行動を引き出せるかが大事。このためには、生産者と消費者に、商品のなかに含まれるもの（例えばハンバーグという商品を作る際に使う挽肉や燃料）の価格と、ごみ処理の費用がかかることを知ってもらう必要がある。また、商品の量がどれくらいあるのかについても伝える必要がある」ということになります。

私たちがある「商品」を作って売ったり買ったりする際に、目の前に無いけれど、目の前の「商品」を作るのに使われたもの（ハンバーグなら牛を育てる肥料や水、必要な土地、製造工程での二酸化炭素の排出や労働力、時間など）に対しても費用や地球への負荷がかかっているということを認識し、その「商品」がどれだけの量があるのかを知る必要がある、ということです。それは地球一個分の資源で私たちが環境と経済、社会の調和を考えるうえで、サーキュラーエコノミー（循環経済）を推進していくうえで、たしかに必要な情報です。

人にやさしい経済学をていねいに考えていくと、めぐりめぐって地球にやさしく、持続可能性を感じることができるのではないでしょうか。

マイクロプラスチックをめぐって（目標14→目標11・12・13）

さて、ここからしばらく、日常生活に関わる私なりのジブンゴト化について語ります。

ＳＤＧｓで気になる目標について、まずは現状を知り、自分の生活とどう関係しているのかを調べ、地域で行なっていることは何か、自分が行なえることは何かを考え、行動するよう心がけてきました。そして地域で課題があれば、解決に取り組む方法を考えてアクション（行動）を起こし、働きかけます。自分の身のまわりからはじめて、他者とつながり範囲を広げていくことで、変革に近づけると思うからです。

たとえば、夫は釣りが好きで、魚が大好きです。釣りは、私より娘のほうがずっと釣果がよく、家族の共通の趣味。したがって、目標14の「海の豊かさを守ろう」をジブンゴト化に取り組むことになります。そして目標14を考えることで、目標11「住み続けられるまちづくりを」や目標12「つくる責任つかう責任」、目標13「気候変動に具体的な対策を」とのつながりが見えてきました。

いま、日本中どこの海岸に行っても、残念ながらプラスチックごみ、マイクロプラスチックが溢れています。このまま放っておくと、二〇五〇年には海洋のプラスチックごみの総量が海中の魚の総量を上回ってしまうと予測されています。

直径5ミリ以下のプラスチックをマイクロプラスチックといいます。『増訂版　容器包装をみなおそう！　海洋プラスチックごみ削減に向けて』（二〇一九年、容器包装の3Rを進める全国ネットワーク）によると、国内各地で調査したカタクチイワシ、アジ、スズキ、ワカサギなどの魚の約四割のおなか（消化管）や貝から、マイクロプラスチックが検出されているとのこと。マイクロプラスチックには元の製品に配合されていた添加物が残留し、海水中に溶けている有害化学物質がマイクロプラスチックに吸着されて、食物連鎖の過程で有害化学物質が濃縮されていくおそれなどが指摘されています。太平洋ごみベルトという、海流などによって、浮遊プラスチックごみが集中した海域もあります。

東京農工大学の高田秀重教授は、最新の研究を踏まえて、プラスチック製品に含まれている添加剤のなかには環境ホルモンとして働いて生殖や成長に影響を与えるものがある、プラスチックが細かくなり魚介類に取り込まれることを通して人間への環境ホルモンへの暴露が増えている、プラスチックに含まれる添加剤の影響は海鳥や人間にも出始めているとして、プラスチック自体の使用を減らしていく必要があると警告しています。

また高田先生が監修した『プラスチックの現実と未来へのアイディア』（二〇一九年、東京書籍）にはプラスチックの現状とリサイクルの課題、地球温暖化との関連などが詳しく書かれていて、見えにくいプラスチックのリサイクルについて知りたい方、消費行動で投票のように意思表示をするアクションをしたいと考えている方にもお勧めです。同様に高田先生が監修した『プラスチックモンスターをやっつけよう！』（二〇二〇年、クレヨンハウス）は小学校低学年にも関心を持ってもらえるクイズ問題形式で、親子で学ぶことができます。

「容器包装の3Rを進める全国ネットワーク」運営委員長である中井八千代さんに教えてもらい、ドキュメンタリー映画『マイクロプラスチック・ストーリー――ぼくらが作る2050年』（二〇一九年製作）を観ました。一時間一〇分のこの映画、ニューヨーク・ブルックリン第一五小学校の五年生が世界的な問題であるマイクロプラスチック汚染を学び、彼らの視点でこの問題の根幹が何かを問いただし、解決に向けて自分たちのコミュニティからアクションを広げていく二年間を追った長編ドキュメンタリー。自分たちの生活から排出されるプラスチックごみが、なぜ海洋に流れていくのか、それがどうなるのか、海の生き物やそれを食べる人間にどんな影響があるのかを調査研究し、考え、「給食ノープラスチックデー」を実行し、ニューヨーク市に政策提言を行なうというアクションが描かれています。すごいのは五年生が小さいハテナを一つずつ解決していく過程。使い捨てプラの一生を調査した際には、プラ容器賛成派と反対派にわかれて討論を行ない、ある男の子は「自分で自分を汚してるってことだ」と言いました。

産業に関わるいろいろなステークホルダーがいます。歴史があり、お金が動き、さまざまな立ち位置からの考えがあります。これまではみながいろんな方向を向いて、利点や利益を考えてお金を稼ぎ、生活して来ました。それが便利な生活や進歩を進めてきたことはたしかです。しかし、これからはあの男の子が言った「自分で自分を汚してるってことだ」という自覚を大切にして、行動を転換していきたいと強く感じます。誰もが自分で自分の首を締めるようなことは望まないでしょう。

ひとりの親としても、子どもが自分で調べ、考え、行動し、成功させていくという過程がどんなに子どもの心の成長につながるか、実感しました。これこそが生きていく力になるはずです。この映画はぜひ多くの方に、多くの子どもたちに観てほしい。誰にとっても心の糧になる作品です。

ごみとリサイクル（目標11・12・13）

二〇二一年の秋、私は文京区リサイクル清掃審議会委員と、文京区地球温暖化対策地域推進協議会委員の公募に応募し、委員になりました。地域で足元から子どもたちの未来を考えたい、地域の課題をジブンゴトとしたいと思ったからです。応募の動機のひとつに、娘といっしょに、プラ容器のリサイクルの区の拠点に毎週通っていたことがありました。保育園児の子どもにとって、分別は辛いことでもめんどうくさいことでもありません。遊びの延長の楽しいことであり、そのワクワク感が環境教育につながります。地球に優しいことだということも、当時からなんとなく理解してくれていたように思います。

二〇二二年夏、文京区リサイクル清掃審議会の見学会で、東京都廃棄物埋立処分場に行きました。そこに広がっていたのはどこの原野かと見まがう広大な緑地。その広大な緑地のところどころ、筒のようなものが立っていました。

東京二三区のごみは、可燃ごみ、粗大ごみ、不燃ごみ、産業廃棄物、都市施設廃棄物があり、それらは収集・運搬→中間処理（焼却・破砕）→埋立されますが、その最後の工程となるのが最終処分場です。高度成長をへて大量生産・消費・廃棄の時代を迎え、昭和四〇年代に「東京ごみ戦争」と呼ばれるほど、清掃工場の処理能力を上回るごみが出続けました。生ごみの一部も焼却されずに埋め立てられたため、そこから発生するメタンガスを地中から逃がす必要が生じます。私が見たのはそのために立てられた筒でした。以前はメタンガスが出ているのが見えたそうです。

埋立処分場はいま風渡る緑の草原です。この植生は意図したわけではなく、自然に種子が飛んできて育ってきたのだとか。処分場の姿を眺めつつ、私の心に浮かんだのは、この美しさとは裏腹の何かを読み解かなければいけないという思いでした。

粗大ごみと不燃ごみを扱う「中防処理施設」にうかがったところ、中間処理場の一角で散水されているところがありました。最近の小型家電に使われている二次電池から発火があったからで、一週間たってもまだ、水をかけ続けているそうです。粗大ごみの処理は二三区ではこの施設だけなので、なにか事故などあって受け入れが止まってしまうと、私たちの家からも排出できなくなってしまいます。

副所長の話では「ごみは私たちの生活に直結しています。ビーズクッションや二次電池など、新しいごみも出てきます。ベッドマットの処理など特別な破砕機を開発して対応していますが、破砕機などの機械が破損してしまうと作業がストップしてしまいます。ごみの中間処理は最終的には人の手で分けるしかないのです。そのときそのときで課題も変わります。分別をしっかり行なうことが大切です」ということでした。

その後、民間のビン・缶・ペットボトルを扱うリサイクルセンターにも行き、中間処理の現場も見学し、ここでも最後は人の手によって分別されていることや、分別の不徹底による手間などがあることがわかりました。たとえば、中身が入ったまま回収されたビンは、リサイクルセンターの従業員が中身を出して洗ってから初めてリサイクルルートに乗せることができるそうで、残渣を取り除くのに非常に労力がかかるそうです。私たちがごみを出してからの手間が本当に大変なことをあらためて実感しました。

現場で作業している方々は、施設の電力自己託送や技術開発、リサイクル効率のアップやCO_2排出削減などに熱心に取り組まれています。それだけにいよいよ、私たちがごみ処理について意識を高め、日常的に工夫しなければならないと痛感します。つまり、「ごみを減らす」Reduce リデュース、「捨てずにまた使う」Reuse リユースであり、それでもごみが出てしまったら「もう一度資源として生かす」Recycle リサイクルです。そもそもごみになるものを受け取らない「断る」Refuse リフューズという選択も可能です。

・ごみの総量削減！
・ごみは資源と分けて分別

・小型家電のバッテリーや電池は必ず外して、粗大ごみに

すべてのものがリサイクルできるわけではありませんから、ごみを減らすことがいちばん重要です。

生活インフラであるごみの収集分別、そして処理は目標11「住み続けられるまちづくりを」に欠かせないものであり、同時に目標12「つくる責任つかう責任」に関わります。まさにジブンゴトにすべきことです。

さらに、二〇五〇年脱炭素社会実現に向けては、ごみ処理の現場だけでなく、市民を取りまとめる行政の取り組みとして、CO_2削減、ごみ削減、プラスチック総量削減という大きな課題への議論・実践・挑戦をいちはやく変革に結びつける必要性も感じられ、目標13「気候変動に具体的な対策を」につながります。

木の伐採体験（目標15→目標8・11・12・13）

食べ物と関係のある目標15の「陸の豊かさを守ろう」は誰にとっても大事です。旬の地物のキュウリやトマトのおいしさ、米のおいしさ、新米をにぎった塩むすびのうまさ。私たちは日本に暮らし、自然の美しさに安堵し、陸地の緑の豊かさの恩恵を受けています。里山、

森林資源について考えるには、どうすればジブンゴトにできるのでしょうか。

二〇二一年夏、夏休みの小旅行もかねて家族で木の伐採体験に行きました。小学一年生、奥多摩町で木を切り倒し体験！　です。友人が働く「東京・森と市庭」という会社が企画する体験コースに参加しました。「東京・森と市庭」は子どもたちに「センスオブワンダー（自然の未知を感じる心）」を磨いてほしいという想いから東京の森でゆっくりと育ったスギ・ヒノキを活かした木育商品・体験を提供しています。

私たち家族は、東京奥多摩町にある管理山に入りました。すると、手入れがゆきとどいた明るい森と、手入れが十分ではない暗い森が道でわかれています。スタッフの方に山の管理状況などを教えてもらいながら、今回は暗い森から腐りかけている樹高一五メートルほどの木を選び、切り倒すことになりました。晴れて暑い日でしたが、暗い森には日が差さず、湿った木の匂いを感じます。伐採の際には、チルホールという滑車とワイヤーを使って木を倒す場所に誘導しながら、チェーンソーで切り倒します。チェーンソーはスタッフが扱い、子どもは滑車を動かす係です。山を管理し、木を切るのにどれほど手間や知識が必要なのか、山と森と暮らしてきた日本人の英知に思いをはせました。

私たちが選んだ木は腐りかけてたこともあり、数分の作業ですぐに倒れました。切り株からは桧の爽やかな香りが立ち上ります。しっとりとみずみずしい年輪を数えると樹齢三〇年ほどの木でした。その後、枝を切り、工作に使う幹を切り、開けた場所へ移動して休憩。「東京・森と市庭」で作成したツリーハウスからは、奥多摩の山々が眼下に広がります。緑匂う暖かい夏の風を感じながら最高の気分で、汗をふきながら水分補給しました。

途中、奥多摩町の山の現状、伐採する仕事のこと、加工する仕事のこと等々、私たちの質問に対して、スタッフのみなさんはていねいに答えてくれます。成長期の若い木が二酸化炭素の吸収率が高く、樹齢五〇年ほどになると二酸化炭素吸収率は低いものの木としての収穫期であること。それが間伐されずに放置されたままだと、山が荒れて土砂崩れなど災害が起きやすくなる。だから山の手入れをして、木を利用し循環していくことが二酸化炭素削減にも貢献でき、防災・減災にも有効であることがよくわかりました。

手を入れた明るい森は下草にも光が届き、木も元気で、貯水容量も十分です。一方、暗い森は腐りかけている木もあり、貯水量も減り、大雨などの際には注意が必要とのことでした。

小学一年生の娘は山に入るのも、大きなノコギリを持って木を切るのも初めてです。香り高い桧の丸太椅子、鍋敷き、コースター、などたくさん作りました。それから木を切ったときに初めて触ることができる、木の一番上の部分も一メートルくらいもらいました。このいちばん上の部分を梢（こずえ）というそうです。梢にたくさんついている実が鈴のようにかわいらしく、娘は集めて丸太に乗せていました。

しばらくすると丸太椅子は乾燥して割れ目ができ、味わいが出てきました。コースターは毎日テーブルで大活躍です。山について知り、少しばかり、山の手入れの手伝いができ、山のお裾分けも手に、家族にとっても一生の思い出になりました。五感をフルに使って、学んで遊び、遊んで学ぶ。心がいっぱいになる体験でした。

この木の伐採体験は目標15「陸の豊かさも守ろう」にとどまりません。日本の林業の現状や課題など、体験することで身をもって考える機会となりました。後継者問題や国内海外の木材状況を教えてもらうことで、目標8「働きがいも経済成長も」について思い、管理された山の持つ貯水力によって目標11「住み続けられるまちづくりを」が守られていることを知り、山の手入れから引き出される国産材の利活用の必要性は目標12「つくる責任つかう責任」そのものであり、二酸化炭素を吸収し酸素を作りだす木の特性を最大限に活かすことが目標13「気候変動に具体的な対策を」に貢献します。一連の繋がりとして捉えることのできる貴重な経験でした。

自分語りをしよう／ジブンゴトにしよう

このようにＳＤＧｓに関しては、それぞれ自分語りができます。あなたの語りはどんな物語でしょうか。ＳＤＧｓの17の目標はそれぞれ関連しています。総花的だという批判もありますが、文化や宗教に関すること以外は、社会生活のすべての局面が、ＳＤＧｓのなかに含まれていると言ってもいいのではないでしょうか。

博報堂ＤＹホールディングスの川廷昌弘さん（ＳＤＧｓ推進担当部長）は、おりにふれ、ＳＤＧｓをジブンゴトにすることの重要性を教えてくれました。川廷さんは著書『未来をつくる道具――私たちのＳＤＧｓ』（二〇二〇年、ナツメ社）で、「ＳＤＧｓは、直接つながりのある人とも、ない人とも、どんな思いでどんなことに取り組んでいるのかを共有することができる、コミュニケーション・ツールです」と言っています。

また、顧客マーケティングの先駆者であり、サステナビリティを考え実践する経営者、株式会社ＴＲＥＥの水野雅弘さんは著書『ＳＤＧｓが生み出す未来のビジネス』（二〇二〇年、インプレス）で、「ＳＤＧｓは、世界が直面する複雑に絡み合った環境社会問題をビジネスで解決し、新たな経済成長の源泉とすることもできる」と指摘しています。

「SDGsは大衆のアヘン」だって？

朝日新聞社が二〇一七年から継続して行なっている第八回SDGs認知度調査（二〇二一年一二月に実施）では、「SDGsという言葉を聞いたことがある」と答えた人が76・3％と、過去最高を更新しました。二〇二〇年の前回調査（45・6％）から約30ポイント増え、社会に急速に浸透していることがわかります。いま、SDGsの社会的浸透の次の段階、SDGsを道具として使いこなし、アクションを起こして、未来に向けて変革を広げていく局面が来たのだと感じます。

しかし、同時に「SDGsはうさんくさい」という意見・感想があることを注視しなければなりません。グリーンウォッシュ（見せかけの環境配慮）になぞらえて、SDGsウォッシュと批判されたりしました。実際、環境問題やSDGsへの取り組みを隠れみのに、もっと深刻な環境問題を引き起こすことがないではありません。また、環境問題への積極姿勢をPRしながら、石炭火力発電を新設するような矛盾は消費者・市民にとっては理解しにくい。公正な移行への進捗をどんどん情報開示していくことがいよいよ必要になるでしょう。

批判の言葉でもっともびっくりしたのは、斎藤幸平『人新世の「資本論」』（二〇二〇年、集英社新書）の冒頭に登場した「SDGsは〈大衆のアヘン〉である！」です。「アヘン」

とはあまりにショッキングな一句であり、当時から話題になりました。この言葉の真意は何か？　出版からおよそ二年後の二〇二二年、朝日新聞電子版の編集委員・北郷美由紀さんのインタビュー記事で（六月一九日）、疑問は氷解しました。

斎藤幸平さんは、「私がＳＤＧｓを〈大衆のアヘン〉と指摘したのは、マイバックやマイボトルといった小手先の行動は資本主義が内包する根本的な問題から目をそらす役割をするのでは、と警鐘をならすためだったからです」として、気候変動、コロナ禍、戦争という緊急事態に危機感が足りないこと、資本主義の過剰さを指摘し、「ＳＤＧｓの危うさは、〈金持ちの道楽〉になりかねない点です。電気自動車を買えばいい、という話ではなく、そもそも車を買えない人もいる。一部の人たちの「がんばって良かった」で終わることのないよう、格差の問題に切り込む平等思考の社会ビジョンが必要です」と語っています。

この文脈ならよくわかります。斎藤幸平さんはむしろ、ＳＤＧｓの「誰一人取り残されない」という理念を強調しているのです。都合のいいところだけをつまみ食いして、免罪されたような気分でいてはならない、そうした姿勢に対する警告であると捉えるなら、まったく同感です。そして、あらためて、ＳＤＧｓをツールとして使い、持続可能な社会のために活動を促進していく際には、「この活動で取り残される人はいないか」「一方で良いことだが他方ではどうか」を念頭に考え、本質を捉えていこうとする姿勢の大切さを噛みしめました。

実際、目標16はまさにその課題を掲げているのです。「平和で誰をも受け入れる社会を促進し、すべての人々が司法を利用できるようにし、あらゆるレベルにおいて効果的で説明責任があり誰も排除しない仕組みを構築する」。日本の目標16「平和と公正をすべての人に」は達成されたと評価されていますが、ロシアのウクライナ侵攻のような状況は世界で依然として続いており、その影響もグローバルに及んでいます。ロシアのウクライナ侵攻に、他の手立てはなかったのか、旧来然としたこの戦争というやり方を人間は超えることができないのか、戦争について質問をするわが子にどう答えたらいいのか――迷いながら事実を伝え、ともに考える日々になりました。世界では二〇〇〇年以降も二〇を超える紛争が起きています。ある国だけがＳＤＧｓ目標を達成できたとしても、グローバル社会の現在では平和・安全も、戦争も紙一重であることを実感します。ロシアもＳＤＧｓを採択した国の一つなのです。

私はSDGs for School認定エデュケーターとして、ＳＤＧｓに関する議論が大いに耕やされることを望んでいます。北郷美由紀さんの言葉を借りれば、「行動に結びつくような提案」につながるように。

後藤敏彦さん「ゴールではなく通過点だ」

長年、日本のサステナビリティ議論を牽引してきた特定非営利活動法人「サステナビリティ日本フォーラム」の後藤敏彦代表理事は、ＳＤＧｓが採択されたばかりのころ、よくこう言っていました。「ＳＤＧｓの17のGoalはゴールと訳さない方が良い。ゴールだとそれで終わりだと思ってしまう。ＳＤＧｓは二〇三〇年のありたい姿であり、将来にむけた通過点の二〇三〇年であって、人類社会の最終目標ではない。ＳＤＧｓはaspiration（めざすべきこと）やpriority（優先すべきこと）に近い」と。この言葉は、私がＳＤＧｓを考えるうえでいつも心にあります。

当初は感覚的に捉えていた後藤さんのこの言葉ですが、ＳＤＧｓを知るにつれ、本質を捉えていると感じます。たとえば、世界各国のＳＤＧｓ達成度は、『持続可能な開発レポート二〇二一』にある「ＳＤＧインデックスとダッシュボード」によって評価されていますが、そこでは日本は目標４「質の高い教育をみんなに」、目標９「産業と技術革新の基盤を作ろう」、目標16「平和と公正をすべての人に」でＳＤＧを達成、という評価になっています。当然測定評価する指標にも依存しますが、この三つの分野での進捗や努力が日本においてこれで十分ということでは決してないと実感するからです（なお、世界全体のＳＤＧｓ達成度については毎年国連からイラスト入りの報告が出ています。『ＳＤＧｓ報告２０２２』国連広報センター）。

ＳＤＧｓはわかりやすい「道しるべ」であり、世界中の人をアクションへとつなげ、そこからさらに変革の可能性を広げています。誰もがＳＤＧｓをジブンゴトとして捉え、志を掲げることができるその意義は大きいのです。

出発点を共有する

本章の最後、あらためてＳＤＧｓ全体について、私の思うところを簡潔に整理してみましょう。以下のようになります。

一、脱原発について言及していないとか、文化・宗教について触れていないとか批判はあるのは承知しながらも、ＳＤＧｓの理念自体が欺瞞的だとはいえない。足りないと感じる目標は自分で考えたっていい。問題があるとすれば、ＳＤＧｓを隠れみのにして利用しようとする側の姿勢ではないか。

二、ＳＤＧｓにかかわりうるものが他にあるだろうか。世界各国が合意しうるような、二〇三〇年に向かってめざすべき目標を他に提起できるだろうか。

三、ＳＤＧｓの功と罪を比較すれば、圧倒的に功の方が大きい。ＳＤＧｓの内容自体に重大な弊害や欠陥は見当たらないと思う。

気候変動への危機感を共有している人たちが「ＳＤＧｓ賛成派」と「ＳＤＧｓ批判派」にわかれるのではなく、またＳＤＧｓに対して「全面支持」か「全面反対か」という二者択一ではなく、ＳＤＧｓの意義は、こういう未来をめざそうという出発点の共有にあるはずです。どうやって達成をめざすのかについては、それぞれの国やそれぞれの関係者の選択にゆだねられているからこそ法的拘束力がなく、誰もが取り組めるものなのです。

ＳＤＧｓの課題に取り組むための共通言語としての役割にはこれからできることが多く、自分たちの活動の意義を確認していくことが継続の動機と行動につながるのではないでしょうか。どこに行動の種があり、どこで変革につながったのかを検証し、広く共有し、つながり、さらなる変革へ進めていくことができます。

SDGs視点で振り返る

地球環境をめぐって

地球環境を取り巻く変化は気候変動から気候危機という言葉に変わり、地球温暖化が人類を含む地球上の生き物に強烈な影響をもたらすこと、生物全体が生命の危機にさらされていることがＩＰＣＣ（気候変動に関する政府間パネル）などの科学によって、あきらかになってきました。地球温暖化が甚大な気象災害をもたらしていることは、近年の猛暑や台風、線状降水帯などの被害状況から、みなさんも実感されているでしょう。将来世代のために私たちの子どもたちのために、いまを生きる私たちがいまできることをあきらめてしまってはいけません。

ＳＤＧｓが二〇一五年に採択されるまでは、持続していくことが可能な方法で、これ以上の地球温暖化を止めることや気象の極端化を止めるという考え方は一般化していませんでした。持続可能な地球を存続させるために科学が出した答えは、産業革命前から地球の平均気温の上昇を1.5℃に抑えること、そのためには二〇五〇年に脱炭素社会を実現するということでした。1.5℃に抑えるためにはここ数年の変革が重要です。二〇二一年秋にイギリスのグラスゴーで開かれたＣＯＰ26（国連気候変動枠組条約第26回締約国会議）では二〇五〇年カーボンニュートラル（温室効果ガスの排出を全体としてゼロにする）実現にくわえ、二〇三〇年までの二酸化炭素排出削減が決定的に重要であることが締約国間で共有されました。

また、気候変動に関する政府間パネル（ＩＰＣＣ）の第６次評価報告書第２作業部会が二〇二二年三月に「人為起源の気候変動により、自然の気候変動の範囲を超えて、自然や人間に対して広範囲にわたる悪影響とそれに関連した損失と損害を引き起こしている」とし、四月のＩＰＣＣ第３作業部会の報告では「我々は、温暖化を1.5℃に抑制する経路上にない。二〇一〇～一九年の年間平均温室効果ガス排出量は人類史上最高となった」「二〇三〇年半減を実現するための対策オプション（選択肢）は存在する。すべての部門・地域において早期に野心的な削減を実施しないと1.5℃を達成することはできない」「1.5℃経路を追及しても経済成長が停滞するようなことは無い。ＧＤＰ（国内総生産）が二〇五〇年にかけて二倍程度になるところ、1.5℃経路実現のための緩和策の実装により、それは３～４％程度低減する」としています。

さらに「気候変動対策の加速は持続可能な開発に不可欠である」と明言し、ＳＤＧｓと気候変動対策には深い関わりがあることがあらためて明確にされました。緩和策（温暖化の原因である温室効果ガスの排出を抑制すること）とＳＤＧｓ、緩和策と適応策（自然や社会の在り方を調整すること）の間にはシナジー（相乗効果）とトレードオフ（何かを得るために何かを失うこと。二律背反）があり、それは政策設計により管理が可能であるとしています。シナジーを最大化し、トレードオフを回避するための行動が選ぶべき道であることはいうまでもありません。そして、いままさに脱炭素社会への移行期において、葛藤が見えています。

たとえば、近年まれにみる電力量不足が心配されている原因として「脱炭素のために石炭火力発電所の運転が停止され、そのために電気の供給量が少ない」「ウクライナ危機による原油高騰」が挙げられていますが、電力広域的運営推進機関の『二〇二二年度供給計画の取りまとめ』によると、石炭火力の退出（廃止）よりもＬＮＧの退出が顕著なことなど、石炭退出だけが電力量の低減の原因とはいえないようです。これまでの電力設計の見通しがどうだったのか、脱炭素の潮流と合わせて、長期視点でエネルギー安全保障を考える必要があると読みとれます。

いまこそ自給自足できる分散型再生可能エネルギーの活用を促進し、ＤＸ（デジタルトランスフォーメーション。デジタル技術の活用で生活の質を向上させる）の活用などで省エネや電力不足の回避を探り、値上げで苦しいところにしわ寄せがいかないような検討や制度改正など、できることがありそうです。

二〇二二年の日本企業に対し、ネットゼロ（温室効果ガスの排出を正味ゼロにすること）の達成に向けた行動と透明性の向上を求める株主提案を支持した株主の数が、過去最多となり、企業も火力発電を止めたら電力危機だ、ともいっていられない状況になりつつあります。

たとえば、これから脱炭素社会に向けて、それまであった仕事が無くなり、仕事を変えなければならないことも出てくるかもしれません。社会では、そのときのために前もって、社会や経済への負の影響を回避しながら質の高い雇用を生み、持続可能な経済を築き、社会を反映させる機会を作り出す「公正な移行」を進める必要があります。

つまり、持続可能な社会を将来世代に繋げていくための残された時間は思っている以上に短く、だからこそ、いくつもの課題をいっしょに解決するために利用できるＳＤＧｓは意味があります。これまでのように一つの課題問題に対してつき詰めていく蛸壺型や積み上げ式のやり方では間に合いません。分野でわける必要もなく、一石二鳥いや一石三鳥四鳥をめざして課題を解決していく必要に迫られています。ＳＤＧｓをステークホルダー同士の共通言語として利用すれば、これまで以上に時間を短縮できます。ＳＤＧｓをあえて言わなくても、課題解決ができるのであればそれでいい。ＳＤＧｓ以前でも、ＳＤＧｓ的内容の活動は非常に多くありました。ただ、環境と経済は水と油のように相容れないと思われてきたものを、ＳＤＧｓが経済活動を行なう企業を巻き込んで、企業の社会への報告ツールやステークホルダーとのコミュニケーション・ツール（対話のための道具）として示したことは重要です。おかげで、多くの国や企業の賛同を受け、経済活動のなかに環境や社会の考えを取り込んでいくことに成功したのではないでしょうか。

たとえば、企業のサプライチェーン（製品の原材料調達から生産、物流、販売などの一連の流れ）のなかで、児童労働や、水質土壌汚染、人権やガバナンス（企業統治）などで問題がある場合には、企業は改善をする必要があります。ひと昔前は、企業のサプライチェーンのなかで問題があったとしても別会社であれば、企業は関係ない顔をすることができました。しかし、いまはサプライチェーンのなかで排出する二酸化炭素にも企業に責任があります。企業が生産する商品の原材料から廃棄・リサイクルまで責任がともなうのです。この責任を短期的視点でリスク（危険、不確実性）と捉えるのか、長期的視点でチャンス（機会）と捉えるのか、経営の腕の見せ所なのではないでしょうか。

このこともＳＤＧｓの多くの目標と関わることであり、企業だけでなく、事業主としての私たち、従業員としての私たち、商品を買う消費者としての私たち、地域住民としての私たちなど、個人や地域とも無縁ではありません。課題を別々ではなく、関係しているものとして捉え、考えることができるツールとしてのＳＤＧｓは、私たちのケイパビリティ（持続可能な社会のために持つ能力）の底上げに貢献できます。

アントニオ・グテーレス国連事務総長は『UNITED NATIONS CLIMATE CHANGE ANNUAL REPORT 二〇二一』のなかで、こう記しています（拙訳）。

解決策は、私たちの手のなかにあるのです。ＩＰＣＣ第3作業部会報告書では経済的に健全で、実行可能な選択肢を提示しました。温暖化を産業革命以前の水準から1.5℃に抑制するための、あらゆる分野における実行可能で財政的に健全な選択肢を示しています。これらのオプションは、早急に実施されなければなりません。迅速に世界の温室効果ガス排出量を二〇二五年までに頂点を過ぎ、下降させ、二〇三〇年までに45％削減する必要があります。二〇三〇年までに45％削減し、二〇五〇年までに世界全体で排出量を二〇五〇年までにゼロにする必要があります。この年次報告書が示すように、二〇二一年のＣＯＰ26は一定の進展をもたらしました。締約国は排出量を削減することに合意しました。世界が排出量の大幅な削減を継続することに合意しました。

8

ともに歩む　伝える技術を磨く

エコアナウンサーの仕事

さて、エコアナウンサーがどんな仕事をして、どうやって収入を得てきたのか、あらためて振り返ってみます。亀の歩みのような道のりでした。そもそも誰もエコアナウンサーなんて知りませんし、どんな仕事ができるかだってわかりません。自分でエコアナウンサーと名乗っているだけですから。

しかしながら、いまは関心を持って話しかけてくれる方がいます。「エコアナウンサーって初めて聞きました」からはじまって、「エコアナウンサーっておもしろそうですね、どんな意味ですか」と続き、「エコアナウンサーという肩書の人が存在するようになったのは一歩前進です」と言ってくださる方もいらっしゃる。そして、「エコアナウンサー」だからと信頼して、毎回仕事を依頼してくれる方もいます。

ほぼ連日、実働しています。内容はといえば……

・環境・サステナビリティ・SDGsなどに関連するイベントの司会やファシリテーター(円滑に会議を運営し、議事の進行プロセスを管理する役割)、講師

・出演テレビ番組の収録、スタジオでのナレーション収録、
・サステナビリティ関連など、動画に乗せるナレーションの自宅収録
・企業・団体からのウェビナーや記事の企画相談や原稿執筆
・NPOの事務局業務、関連団体の理事会
・地域の審議会

これに子どもの小学校関連の役員や読み聞かせの活動などが加わります。

こう並べてみると、忙しそうだなと思うかもしれませんが、幸い私にとってはすべてがゆるくつながっているので、無駄がありません（休みは不定期ながらしっかり取っています。元来のんびり屋で、たまの昼寝が至福の時間です）。

たとえば、NPO活動や地域のリサイクルや地球温暖化防止審議会での学びや情報収集は、エコアナウンサーとして司会やファシリテーターを行なう際に非常に力になり、地域の政策を考えるヒントも得られます。NPOの事務局業務は、企業や団体との仕事の手順や方法を学ぶことができますし、子どもの学校の役員としての仕事にも役立ち、広報のメルマガ発行は原稿を書く技術の向上につながります。このようなことを何年か行なっているうちに、少

しずつ、エコアナウンサーの認知につながっているのではないかと感じています。

エコアナウンサーとしての仕事を最初からできたわけではありません。周辺の学びを大切に思ってきたことや、人とのつながりのなかで、徐々に仕事に繋がっていったというのが実情でしょう。私は不器用なので、どうしても時間がかかります。ただ、その分、考えを練ってきたはずで、これからもこれまで同様、ひとつひとつ、まわりの方と協働して自分なりのペースで焦らずにやっていきたいと思っています。

二〇〇八年にエコアナウンサーを意識してから一四年たった二〇二二年、周囲のすすめもあり、大切にしてきた「エコアナウンサー」を商標登録することができました。自問自答しながら少しずつ私のなかで醸成されてきた〈エコロジー（環境）と持続可能なエコノミー（経済）の統合によって持続可能な社会をめざすという価値観を持つアナウンサー〉という自覚がかたちになったといえるかもしれません。もし、エコアナウンサーの意味に共感関心を持っていただける方がいて、エコアナウンサーを名乗りたいという方が出てきてくれたら嬉しいです。そしてぜひ、ご自分の前向きな定義を考えていただけたら活動が意義あるものとなっていくのではないでしょうか。

もちろん、アナウンサーにかぎらず、あなた自身の仕事と関心のある分野をかけあわせて

「仕事×〇〇」という独自の働き方を切り開いてオンリーワンの存在として働いていくことは、ＳＤＧｓの目標８「働きがいも経済成長も」に楽しく関与できると思います。

事前準備あってこそ

大学のゲスト講師として話す際に学生のみなさんが関心を持つのは、「エコアナウンサーとは何なのか」「どうしてエコアナウンサーになったのか」ということのほかに、私の具体的な仕事の仕方です。「どんな依頼があって何をするのか」と。

たとえば、このような流れです。

私や所属事務所に企業・団体から「〇月〇日にイベントがありますので司会・コーディネーターを依頼します」と連絡があります。内容は気候変動やＳＤＧｓに関することが多いです。私はマネージャーとスケジュールを確認し了承の旨を依頼主に連絡、準備に取り掛かります。大きなイベントの場合は、運営の制作会社が入りますので、制作会社が台本を作成、私はそれにのっとって当日進行をすればよいわけですが、それだけではもったいない。イベントに登壇する方や団体について、自分でインターネットや著作で調べます。都合がつけば登壇者に会いに行く。最近はオンラインウェビナー（インターネット上で実施するセミナーや講演会・

講義、研修）やYou Tube動画で、その方のお話を聴くこともできます。その段階で自分が思ったことやわかったことを付箋に書いておき、台本が来たら（台本は本番直前まで数回更新されます）、その付箋を該当箇所に貼っておく。

この事前準備が、本番でとても役に立つのです。登壇者の講演やプレゼンテーションの後にお礼を込めて添える一言になったり、急にオンラインで映像や音声が乱れたときに数分間をつなぐ言葉になったりします。何より、自分自身の理解が深まり、会場のみなさん聴衆のみなさんの理解の促進に役立ちます。このささやかな準備のおかげで、当日の多少のハプニングもプラスに変えることができますし、登壇者の円滑な講演につながります。自分が笑顔でいられ、会場のみなさん、聴衆のみなさんをハラハラドキドキさせずにすむわけです。

イベントやシンポジウムによっては、私自身が台本を作成することもあります。このときいちばん心が掛けていることは、私を含めた参加者みなさんが、そのイベントが掲げる課題を考え、ジブンゴトとする一助になればということ。終わったときに参加者の方から「新たなことを得て考え、次の行動に進むきっかけになった」と言っていただけると、心のなかでガッツポーズしています。「この仕事をやっていてよかった！　またがんばるぞ」と。

エコアナウンサーの私にとっては、持続可能な社会のために環境と経済が良い循環となるよう尽力するみなさんの後押しをすること、ともに歩むことが使命です。だから、学生のみなさんにお話しする際にはいつも、使命感が仕事のモチベーション（原動力）になること、喜びが持続力になることを伝えてきました。

自分自身の言葉で語れるように

さて、ＳＤＧｓ以前から、気候変動関係、環境適応や生態系の保全、生物多様性などに関するイベントの司会をしていましたが、二〇一八年ごろから、『大学ＳＤＧｓ　ＡＣＴＩＯＮ　ＡＷＡＲＤＳ　二〇一八〜二三』『ＳＤＧｓ全国フォーラム二〇一九』『ジャパンＳＤＧｓアクションフェスティバル、同フォーラム』、『第二回第三回ＳＤＧｓクリエイティブ　アワード表彰式』など、ＳＤＧｓの浸透にともない、ＳＤＧｓ関連のイベントの司会の機会が増えます。表面的な流行にとどまらないように、自分自身の言葉で語れるように、ＳＤＧｓの伝え方について工夫を心がけています。

また講座の際には、ＳＤＧｓへの自身の取り組みを例示することもありますが、それよりも、参加いただいたみなさん一人ひとりがそれぞれ、ジブンゴトとしてＳＤＧｓを捉えてもらえるよう、願っていました。たとえば、ワークショップ形式で考えていただくと盛り上がります。

①自分自身の問題意識を挙げる
②その問題意識と繋がっているＳＤＧｓの目標をいくつでも挙げる
③誰と行動したら実現できそうか考える
④実際にアクションを起こす

参加者の思考が言語化される過程を目のあたりにすると感動します。とくに③の「誰と行動したら実現できそうか考える」という視点は、私がファシリテーターを担当させていただいた『平成三〇年　滋賀×ＳＤＧｓ実践交流会　ＳＤＧｓで変える！協働で変わる！持続可能な滋賀の未来』での学びです。この事業は株式会社ＴＲＥＥの水野雅弘さんらが設計したもので、二〇一八年（平成三〇年）時点でＳＤＧｓは誰かと協働することで広がりが出てくるという視点は画期的であったと思います。それ以前も協働の形について議論されてきましたが、ＳＤＧｓを介して協働することで各ステークホルダーの目的や利点がはっきりし、お互いに有益な活動になるのではないでしょうか。

蟹江憲史先生「失敗を怖れない」

ＳＤＧｓ研究の第一人者である慶応義塾大学の蟹江憲史先生に教えられた忘れられない言葉があります。蟹江先生は長年にわたって、持続可能な開発に関する制度的枠組みを専門的に研究し、グローバルに政策提言をしている方。ポストＭＤＧｓからＳＤＧｓの策定の過程でも政策提言を行ない、著書『ＳＤＧｓ（持続可能な開発目標）』（二〇二〇年、中公新書）では、その行程が記されています。

二〇二一年三月二六日～二七日、『ジャパンＳＤＧｓアクションフェスティバル』（主催ジャパンＳＤＧｓアクション推進協議会）が、コロナ禍によりオンラインで開催されたときのこと。このフェスティバルは、ポストコロナ社会に向けて、ＳＤＧｓ及び国連が提唱する二〇三〇年までの「行動の一〇年」にそった具体的な行動ＳＤＧｓアクションを日本全国に広めるためのもので、国、自治体、アカデミア、経済団体、民間企業、市民団体など、あらゆるステークホルダーが参画しました。蟹江先生はこのフェスティバルの会長として登壇、私はチャンネル1の総合司会として進行を担当しました。

いくつかのセッションの進行中に気がついたことがありました。複数の参加者から同じ言葉が何度か聞かれたのです。それは「失敗しちゃダメなの？」という言葉でした。これは参加者がＳＤＧｓウォッシュと批判されることを意識した言葉であり、「必ず成功しなければ行動を起こしてはいけないのか」という窮屈さを感じての言葉であったと思います。私はクロージングセレモニーの際に、「何人もの参加者の方から、失敗しちゃダメなの？という声を聞いた」と発言を紹介したところ、蟹江先生がこのように応えてくれました。「櫻田さんがさっき言ったことが気になっていました。〈失敗しちゃダメなの？〉って話です。失敗は大いにやったほうがいいと思います。失敗から学ぶことがいっぱいあるからです。アクションには失敗がつきもの、ということをぜひ最後に一言つけ加えたい」と。

この言葉に私はとても勇気づけられました。失敗してもいい。間違ってもいい。失敗したら修正していく。ＳＤＧｓを知り、ジブンゴトとして捉え、アクション行動を起こす過程で失敗したっていいんだ。失敗から学んで進んでいくのだ、と。

気候危機や持続可能な未来を考える際にいつも感じていることがあります。子どもたち将来世代に持続可能な地球を残す、この工程には教科書がないということです。こうすれば解決できるという処方箋がない以上、失敗する可能性は少なくありません。大事なのは、失敗したくないから怖いからやらない、という選択をしないことです。

ＳＤＧｓにしても、ＴＣＦＤ（六九頁参照）にしても、脱炭素にしても、誰も細かく正解を教えられないのです。ただし、コンパスはあります。多くの国々や人々が考え、行動してきた先例があり、それに学び、自分で考え、行動に落とし込み、進んでいくことはできます。これは子育ても同じですね。私自身がそうであるように、どの親も日々実感しているはずで、試行錯誤の日々であるのがあたりまえ。間違いや失敗をおそれていたら、子育てはできません。

蟹江先生は現在、国連事務総長がＧＳＤＲ（Global Sustainable Development Report. 持続可能な開発に関するグローバル・レポート）のために任命した独立した科学者（Member of the fifteen Independent Group of Scientists to prepare 2023 GSDR appointed by UN Secretary General:IGS）一五人の一人に日本から唯一選ばれ、持続可能な開発に関するグローバル・レポート二〇二三の執筆中です。二〇二二年三月の『ジャパンＳＤＧｓアクションフォーラム』のＧＳＤＲセッションでは世界に先駆けて、ＧＳＤＲの中身について蟹江先生や他の研究者から発表がありました。

二〇二二年「脱炭素チャレンジカップ」のこと

さて、本書をお読みいただいた方にはもうおわかりのように、ＳＤＧｓ以前から、その萌芽というべき、さまざまな活動がありました。私はずっと、環境と経済を水と油の関係ととらえる考え方に違和感があり、はがゆく感じるとともに、なにか相乗効果でよい循環があるはずだ、それは不可能ではないはずだと思っていましたが、それは次のような地道で粘り強い活動にふれてきたからです。

そのひとつが二〇一〇年から一〇年にわたって開催された「低炭素杯」。そしてこれは二〇二〇年にいち早く脱炭素を掲げ、「脱炭素チャレンジカップ」としていまに続きます。私がその司会をつとめてきたことはすでに記しました（三九頁、六九頁）。

この「脱炭素チャレンジカップ」は学校・ジュニアキッズ・企業・自治体・市民などさまざまな主体の取り組みを応援し、地域活性化とネットワーク構築を促進し、脱炭素地域づくりに貢献しようとするアワード（毎年二月に開催。二〇二一年はオンライン開催）。その取り組み当事者によるプレゼンテーションが見どころで、地域での取り組みに学ぶことが多くあります。

二〇二二年は感染症対策のため、会場（東京大学構内「伊藤謝恩ホール」）とリモートを結ぶハイブリット開催。ファイナリスト二八団体のプレゼンテーションがあり、表彰式がおこなわれました。全団体が表彰対象ですが、そのなかで環境大臣賞を受賞したのは以下の五団体です。

グランプリ　〔企業・自治体部門〕　松隈地域づくり株式会社（佐賀県吉野ケ里町）
「地域の恵を未来の力へ」
金賞　〔学生部門〕　宮城県農業高等学校　環境保全部（宮城県名取市）
「#ZEROマイプラ～安全な食料生産と豊かな海作り」
金賞　〔ジュニア・キッズ部門〕　ECOHONU（沖縄県南城市）
「みんなの海をみんなで守ろう！」
金賞　〔企業・自治体部門〕　株式会社竹中工務店（東京都江東区）
「森林グランドサイクルを加速する中高層木造建築と木のまちづくり」
金賞　〔市民部門〕　NPO法人Class for Everyone（神奈川県相模原市）
「移動型ソーラー電源を作る環境教育授業」

グランプリを受賞した佐賀県の松隈地域づくり株式会社は、中山間地の四〇戸すべてが株主となって設立した会社です。高齢化が進み、道路や水路の維持が困難になるなか、自立した持続可能な集落づくりのために財源を確保しようと小水力発電を建設しました。売電収益はすべて調達資金の返済と高齢者やこどもクラブ支援・荒廃農地活用・竹林整備などをめざす地域の財源として活用されるそうです。すごいのは、高齢化過疎化の現状にこのままではいけないと住民みずからが動き、全戸みんなで会社を作り、大正時代に村で四五年間稼働していた小水力発電の歴史を活かし、さらにベンチャー企業とも連携して新たなシステムも導入するなど、チャレンジ精神あふれる取り組みだということです。

金賞を受賞した宮城県農業高等学校環境保全部による「#ゼロマイプラ」という活動は、地元閖上の浜でごみ拾いをしたことがきっかけになりました。いたるところで5ミリほどの小さな丸い透明なものが見つかり、これがなんと、水田で使用される緩効性肥料の残骸だったとわかります。この水田肥料、表面をプラスチックでコーティングすることによりゆっくりと解けるため、重宝されているのですが、最後にはプラスチックの殻だけが残ってしまう。それが水田から川へ、そして海に流れていた。プラスチックの殻の正体をつきとめ、宮城農業高等学校の生徒はプラスチックを使用しない水田肥料の開発研究を行ないます。その成果をもとに、肥料メーカーと共同で商品化し、さらにこの水田肥料を使ってお米を栽培することに成功しました。そして日本一美味しいお米の評価も得たのです！

そして同じく金賞受賞のＥＣＯＨＯＮＵ「みんなの海をみんなで守ろう！」。沖縄県南城市の子どもたち四人が毎週月曜、うまずたゆまず、知念周辺の浜でごみを拾う活動を続けています。コロナ禍で学校が休校になった二〇二〇年三月から自主的にはじめた活動であることがすばらしく、しかもどんなごみがどれくらい落ちているか、地道にデータを集めて報告していることがすごい。

金賞受賞のあとふたつ、ＮＰＯ法人 Class for Everyone と（株）竹中工務店は、表彰式後しばらくしてから事務所を訪ねてインタビューしているので、次項で詳しく触れます。ともあれ、このような取り組みに汗を流した本人たちから話を聴くと、発見に驚き、健闘に胸が震え、その成功が自分のことのように喜ばしい。エコアナウンサーとして至福のときです。

脱炭素チャレンジカップのホームページには『地域発！脱炭素な取り組み活動団体データベース』があり、自分の地域でどんな活動があるのか、また同じ問題意識の団体を見つけることもできます。これまで一三年の歴史で一万四〇〇〇超の団体、企業・自治体・市民・学生・キッズの地域活動がエントリーしています。これらのみなさんの活動はまぎれもなく日本の宝です。

ＮＰＯ法人 Class for Everyone 代表理事高濱宏至さんを訪ねる

桜が散り際の二〇二二年四月、私たち脱炭素チャレンジカップ運営応援団はＮＰＯ法人 Class for Everyone の代表理事、高濱宏至さんを神奈川県相模原市の事務所にお訪ねました。脱炭素チャレンジカップ運営応援団とは、全国の皆さんの脱炭素への取り組みに共感し、チャレンジカップ当日だけでなく、Instagram の運営や取材をお手伝いしているメンバーです（インタビュー後半に登場する土屋直樹さんはメンバーのお一人）。

新緑萌える山に囲まれたＪＲ東日本中央本線藤野駅に降り、濃い青緑の相模湖にかかる橋からの絶景を眺めながら徒歩数分。古いホテルの立体駐車場の形を残したまま、アーティストや非営利団体などの市民が利用している異空間がありました。きれいにしすぎず、コンクリートむき出しのままの空間は、地下に向かう立体駐車場だったころの面影を残しつつ、いくつかの部屋は手作りで、アートが全面に描かれたコンテナを置いたり、とても自由な発想で利用されていました。

大きなサボテンの形をした木のアートに緑色を塗っている方、木の工作場の奥でミーティングをしている方々、この場所を知り合いに案内しに来たという高校の美術の先生がいたり、垣根のない雰囲気にぐっと引き込まれます。

その元立体駐車場の地上部分に、Class for Everyone の事務所がありました。Class for Everyone は「世界の教育格差を是正するために、アジア・アフリカを中心とした途上国にＩＣＴ（情報通信技術を活用したコミュニケーション）教育機会を創出する活動を展開しています」というのが団体概要ですが、それだけでは言い尽くせない広がりと深みがあると感じていました。チャレンジカップ当日のプレゼンテーションでいちばん印象に残ったのは、アフリカの電気が使えない学校でワークショップをしたときの写真。初めて電気を点灯させた女子生徒の表情は新鮮な驚きと喜びにあふれ、何かを得たときに心の底から出てくる感情そのままが見事に表現されていたのです。

ご挨拶のあと、さっそくインタビューにとりかかりました（紙幅の関係で摘録）。

櫻田　どんな取り組みを行なっているのか教えてください。

高濱　もともとはソーラーパネルを使って電気の作り方を子どもたちに教えていました。二〇一七年からです。ところが学校に設置したパネルを夜間に盗まれるようなこともあって、管理しやすいようにと二〇二〇年に開発したのが、この移動型のソーラーパネル。

バッテリーを設置して、もろもろ繋いで電気がつくれる仕組みです。タイヤが付いているので移動できますし、パネル自体も太陽の角度に合わせて（木の枠から、留め具となる木の支えを引き出し、太陽光パネルを固定）、ＤＩＹ（Do It Yourself）できるものを木製で作りたいと、この建物の真下にある木工作業所さんと協力し、この地域の材木で作りました。このモデルをアフリカに持って行き、現地の材で作って子どもたちに作り方を教えながら使ってもらうことをやっています。現地の材料で作れるもので設計したんです。

櫻田　どれくらいの学校に伝えたのですか。

高濱　四五学校です。子どもたち二千数百人にタンザニアで話しました。

櫻田　電気の作り方を伝える活動のきっかけは？

高濱　私たちの団体は二〇一二年から、中古のパソコンをアフリカに持っていって活用してもらう活動をしていました。二〇一三年、フィリピンで巨大台風にあたって、停電し、パソコンが使えなくなってしまい、何とか使えるようにしたくて、ここにある藤野電力の活動に出会って、そのノウハウを海外に持っていくというかたちのコラボレーションがはじまり、二〇一六年に私もこの地に移住、二〇一七年からアフリカにもっていく活動を行ないました。（藤野電力とは相模原市緑区旧藤野町地区を起点に、有志メンバーによって運営されている市民活動グループ。自然エネルギーによる発電とその仕組みを伝えるワークショップ、発電設備の施工などを行なっている）

櫻田　反応はいかがでしたか。

高濱　おもしろいってことですね。国内でも海外でも反応は同じです。電気を作ることの喜びですよ、大人も子どもも。電気は無機質なものですが、そこに感情が宿るんです。たとえば、自分で育てた野菜はスーパーで買うより美味しく感じたりしますよね。そういう思いが電気にも生まれるんです。

櫻田　いまはほとんどの人が電気を作ることができませんね、この活動は電気を作る能力を取り戻すことになっているのではないでしょうか。

高濱　電気の仕組みを知っていなくても電気を使える、スマートフォンの内部がどうなっているか知らなくて使っている、それが現状ですが、仕組みを知って使うことが新しい社会を作ることに繋がっていくように思います。田舎暮らしをしていると感じますね。自給自足の生活です。

高濱さんの話を聞き、「電気を作る能力は、本来誰もが持っていてよい能力だ」と感じました。脱炭素や防災の観点からも、電気・電力リテラシーが必要なのです。

高濱さんは「日常自分が使う電気がどれくらいか、測れるようになってほしい」と言います。ソーラーで電気を作るとき、そんなに多くは作れない、限られた電力を何に使うか、優先順位を考えなくてはいけない。そう指摘したうえで続けます。「世界の紛争などによってエネルギー状況が変わり、日本にも影響してくる。どう電気が生まれているのかを考え、肌感覚で考えることによって、自分たちの生活に本当に必要なエネルギーを考える。その先に脱炭素があるのかなと思いますね」。そしてこう付け加えられました。「自給自足の生活をしていると、江戸時代ではないですが、化石燃料を使わない生活であったり、太陽の力を借りたり、木材、炭だったりを生活のなかに取り入れることで、自分たちの使うエネルギーを減らし楽しく暮らしていくということを考えています」と。

櫻田　ＮＰＯとご自身の生活がリンクしていますね。

高濱　いま、炭の蓄電池を今期の事業で行なっているんです。

櫻田　え、炭ですか！

高濱　リチウムイオン電子や、鉛の板を使ったりなど、どこかでごみが出たり、課題があります。よりクリーンなエネルギーの電池を考えると、炭がある。蓄電の量はすくないですが、ごみにもならないし、他にも使えますしね。島根県の団体が研究を進めていらして、いまコンタクトをしてアフリカに持っていきたいと考えています。この地域の木と炭窯があるので、それを活用していきたい。地域資源と地域に住む人の資源を活用したいんです。

櫻田　びっくりです！　大変なことはどんなことですか？

高濱　大変なことないですね。毎日が実験。主体的にやっているので楽しいです。

櫻田　この場所の効用でしょうか。

高濱　アーティストが多い町で、プロフェッショナルで一芸に秀でた人たちがいて、あの人とあの人と話したらなんかできそうだな、と思って声をかけるんです。

櫻田　声をかけるのが壁ではないですか？

高濱　全然、壁じゃないです。そういうのができたらおもしろいよね、あの人に話してみようって。

櫻田　脱炭素チャレンジカップへの期待を教えてください。

高濱　いろんな団体さんががんばっているんだなって知りましたし、若者のみなさんに期待しています。受賞のときにも高校生がいちばんいい顔していました。可能であれば他の地域といっしょにできればいいですよね。

ここで同行した土屋さんにバトンタッチ、今度は土屋さんが質問しました。

土屋　脱炭素の取り組みは継続が課題でしょう。志だけではむずかしいように思われますが、続けるコツはなんでしょうか。

高濱　藤野電力といっしょに国内でやっているワークショップ、毎月満員なんですよ。企業でいらなくなったものなど、ごみになるものを使っていて、最初はパソコンでした。アクションの意味合いを増していける一つの意味合いをつけることを大切にしています。国内では企業と協働したり、参加者からお金をいただくことがありますし、タンザニアでは企業から助成金を得たり、自治体とは防災という視点で協働して市民に伝えていくというように、対象を変えていくことで住み分けをしています。

土屋　ごみを出さないことが肝ですか。

高濱　移動図書館も行なっています。地域でいらなくなった移動図書館をもらい、地元の子どもたちとペイントして、絵本作家さんにも絵を書いてもらって、藤野電力とコラボしてソーラーパネルをつけて、などアレンジして、イベントに出店したりしました。誰かはいらないけど、価値があるもの、見つけていくというのはそれ自体がおもしろいと思っています。仕組みを知っているとＤＩＹして価値を増していくことができますね。

自分で作るものを増やすことが、取り戻すことの原点。家電など、自分で作れないものばかり使って生きている。仕組みを知っているものがどれだけあるかというと、ほとんどない。じゃ、お金なければ何もできなくなる。でも、そもそもお金があっても農作物が無ければ生きていけない時代になったときに、日本人大丈夫か、というのがある。電気を作るのもそうですし、仕組みを知ってトイレなども自分で直せて壊れても心配ない、業者さんに頼まなくてもいい、お金もモノの代金だけでいい。そんな可能性が増すと、自分で生きていける。それがいまの生活の基盤で、生活にも余裕があるし、自分の精神状態的にも非常に良いですね。

土屋　脱炭素チャレンジカップはネットワークづくりも目的です。どうやってネットワークを作られたのでしょうか。

高濱　自分でできることには限界がある。誰かの力を借りないと、できないことばかり。声をかけないと、そもそもなにもできない。移動ソーラーパネルのこの木組みをこんなにきれいに作ることが自分ではできないけれども、できる人を見つけて、話を聞きながら作る工程をめざしてもらって作っていく。作れるようになったときに、誰かに伝えたいなと思って知らない人も巻き込んでいく。シェアしていく。時代はそうですよね。自分だけで完結させないということが大事。自分もそうだったという反省ですが、ＮＰＯなど自分の団体が正しいと思うと、まわりの団体と手を組もうと思わなくなってくる。今回はスライドを作るとき、自分の団体の紹介よりも、もう少し大きな意味で新しい気づきを得てほしいなということをやったんです。海外でこんなことやって素晴らしいでしょ、っていうこともできたんです。でもそれだとつまらない。電気をこうやってつくれるんだよと、見たときに、作ってみようというみなさんの行動のきっかけになるように、プレゼンテーションをつくったんです。そうすると、繋がりやすいと思うんです。

　ワークショップの参加者は多様で、電気を作ることがおもしろいという方や、子どもの夏休みの宿題に、という方もおいでです。

インタビューの最後、高濱さんはこう言っていました。「サステナブルとは、命を大事にすること。人間はもちろん、人間以外も含めて他の生態系も含めて」「最近農業をやっていますが、種子でも一度だけ実をつけるＦ１（交配種）と、次の命を繋ぐ種があることを知って、繋がる食の未来があるんだな。自分の子どもたちにも繋いでいける未来を考えます」と。

竹中工務店・宮地克彰さんインタビュー

東京江東区にある（株）竹中工務店に宮地克彰さん（受賞時は広報部長、訪問時は東京本店設計部、設計第８部門、部長付）をお訪ねしたのは二〇二一年四月、NPO法人Class for Everyone 高濱宏至さんをおたずねした直後でした。当日は花曇り。

インタビューしたのは木造建築の象徴的な建物であるフラッツウッズ木場です。コンクリート作りのビルが林立するなか、一階から最上階まで外壁に木をふんだんに使った外観がひときわ目を引きます。建物に近づくと木の香りが……　この建物は二五〇人が入居する単身寮で、最上階のカフェテリアやテラス、交流スペースでは床や天井、梁、柱などが木造で圧巻です。木造でも都市に中高層ビルを建設可能にしたのは竹中工務店が開発した二時間耐火の燃え止まり機能を持つ「燃エンウッド」。ＣＬＴと呼ばれる木質系材料である直交集成板とともに活用することで、以前は難しかった中高層木造建築が可能になりました。

木造建築物は大量の炭素を貯蔵します。成長期を終えた木は二酸化炭素の吸収量が下がりますが、炭素を貯蔵します。木造建築物はこの木を大量に利用するので、大量の炭素の貯蔵を可能にします。フラッツウッズ木場計画の木材総使用量は一五七立米（りゅうべい）、CO_2質量換算で一〇〇トン近くの炭素量を固定することになるそうです。

一六一〇年から四〇〇〇年間続く、世界的老舗企業である竹中工務店。鉄筋コンクリートで建物を作るのが主流になっているなかで、近年ふたたび木造の建物に注力しているという話をうかがい、創業以来の歴史のなかで木との深い関係がうかがわれ、持続可能な経済システムを探るうえでの原点回帰のような廻りあわせを感じました。

企業・自治体部門の金賞を受賞した取り組みは「森林資源と地域経済の持続可能な好循環」と定義した「森林グランドサイクル」です。木のイノベーション、木のまちづくり、森の産業創出、持続可能な森づくりの四つの循環でキノマチを実現する取り組みで、さまざまなステークホルダーとともに推進しています。燃えやすいイメージがある木の柱、梁に耐火性を持たせる木のイノベーションで、まちに中高層木造の建築を実現させ、国内木材需要を高め、持続可能な森林を維持し、脱炭素に貢献する、というものです。

櫻田　脱炭素チャレンジカップ応募の経緯を教えてください。

宮地　私ども竹中工務店は森林グランドサイクルという活動をはじめています。これは竹中工務店一社だけではできない活動です。山主の方、製材業者、建物を発注いただく発注者の方、木の研究者、というようなステークホルダーのみなさんと達成できるもので、その意味では脱炭素チャレンジカップは非常に良いチャンスになるのではないかと思いました。幸い、ありがたいことにすばらしい賞をいただきましたので、これを機会に、もっとステークホルダーのみなさまにも森林グランドサイクルという活動を広めたいと思っています。

櫻田　森林グランドサイクルというのは竹中工務店のならではは発想です。新たな需要を掘り起こすような取り組みなんですね。

宮地　そうですね。いま日本では伐採期にある樹木がたくさん余っています。そういったものをどんどん活用していく需要をつくりだしていくというのは国を挙げての活動です。建設会社である竹中工務店に何ができるかというと、木を使う建物を設計して需要を生み出す、という活動がいちばん大事だと思います。まずそのなかで勝手に進めるのではなく、山主さん、発注者さんなどのご理解をいただいて、経済活動の輪をつくっていくということを森林グランドサイクルというかたちで進めています。

櫻田　経済も回していくということは、これまでの鉄筋コンクリート造や鉄骨造などとはまた違う、ご苦労があるのではないでしょうか。

宮地　はい。現時点では割高になってしまうというハードルがあります。これも需要が大きくなって、地産地消で近くの産地や製材業者で回っていくようになれば、コストも下がっていき、ハードルも下がっていくと考えています。

櫻田　市場を喚起するという大きなビジョンです。いまご苦労なさっているのはどんなことですか。

宮地　ひとつはコストが少し割高になってしまうということ。それから当然新しい技術の研究開発が必要です。さらに、そもそも私どもはお客さまから発注いただいて建物をつくる建設会社ですので、お客さまに木材の良さ、割高になってもそれ以上の価値を見出すことをご理解いただくことが非常に重要だ、と考えています。

櫻田　手応えはどう感じていますか。

宮地　最初に森林グランドサイクルのなかで、「燃エンウッド」という、木で耐火の建築物を作るという開発をしたのが二〇一二年からです。すでに一八件の実例がありますし、みなさんにご理解いただくなかで発注のチャンスもどんどん増えていると感じています。

櫻田　今回、まず脱炭素チャレンジカップの最終選考に残ったファイナリストになられました。そこではどんな感じでしたか。

宮地　じつをいうと、森林グランドサイクルというテーマで、さまざまな賞に多数応募させていただいております。なかなか評価いただけないなかで、今回は二次審査に残りましたので、動画づくりや一分間のプレゼンテーションも誠心誠意取り組みました。

櫻田　環境大臣賞金賞の栄誉に輝きました。社内の反応やご自身の思いを教えてください。

宮地　私自身は非常に嬉しく思っていました。まだ社内にはそれほど伝わっておらず、これから社内報で紹介します。脱炭素チャレンジカップのホームページやＹｏｕＴｕｂｅ動画で紹介していただいていますので、活用させていただき、社内に報告いたします。

櫻田　森林グランドサイクルというシステムを創りだして、大きく社会を変えていこうというチャレンジのただなか、一六一〇年創業の長い歴史のなかで、いままた木材に帰ってきたんですね。

宮地　そうですね。当社は四〇〇年の歴史がありますが、コンクリート鉄骨で建物を作っているのは、せいぜい一〇〇年くらいです。その前の三〇〇年は木造建築でやってきました。木造建築のDNAを持った会社です。ここへきてまた木造建築に関われることを誇りに思っています。

櫻田　さまざまなステークホルダーのみなさんと進めるにあたって、どんなことが協働の成功につながっているのでしょうか。

宮地　やはり、人と人とのつき合いがいちばん大事だと思います。木造木質建築推進部門のメンバーが中心となって山主さんと直接交流して、いろいろな課題を聞きながら解決策を考え、製材会社さん、研究者の方とワーキングを行なっております。そのなかで解決策に結びついていますので、その活動が功を奏していると言えます。単なるビジネスのお金儲けとして行なうとなかなか続かないこともあるかと思いますが、人と人との関係を作りながらサステナブルな業務につなげていく……成功は言いすぎですがいまのところうまくいっていると感じています。

櫻田　サプライチェーンの上流から下流までというような捉え方ではなくて、みんないっしょの感覚なのでしょうか。

宮地　上流下流っていう表現をすると、やはり上下関係を感じますが、山のほうから見たら、どっちが上でどっちが下か、わかりませんね。上流下流ではなく、対等な立場でおたがいの関係を作っていけたらいいと思っています。

櫻田　脱炭素という意味では、竹中工務店さんと脱炭素チャレンジカップは共通する部分があります。脱炭素への思いを教えてください。

宮地　これも二〇二〇年、菅首相が脱炭素カーボンニュートラル宣言をなさってから世界が変わったと思っています。当社も二〇二一年三月、二〇五〇年までにCO_2の排出をゼロにするという目標を、弊社の社長みずから社外に向け発信いたしました。一気に全社を挙げて活動をはじめています。そのなかで一つの取り組みとして脱炭素チャレンジカップへのチャレンジもありました。今回は森林グランドサイクル木造建築に関してのものでしたが、それ以外にもCO_2を吸収するコンクリートなど、脱炭素に関わる取り組みをもっと知っていただきたいと思います。

子どもたちの将来の夢とSDGsをつなげる

本章の最後に子どもたちとのイベント企画のことを。

二〇二一年夏の気候ネットワーク主催「気候キッズセミナー」では、子どもたちそれぞれの夢とSDGsを繫げる試みを行ないました。夢をかなえた未来からバックキャスティング思考で逆算してみよう、そのためにはいま、どんなアクションをしたらよいか考えてみよう。バックキャスティング思考とは〈未来を起点〉に現在にさかのぼって解決策を見つける思考法で、つまり未来から現在に逆算するわけです。子どもたちは楽しげに、力強くもやさしく、それぞれ夢を語り、いまやりたいことを宣言してくれました。

この「夢とSDGsをつなげる」という方法のヒントは一般社団法人Think the Earthの上田さんからもらったものです。上田さんはあるとき、「仕事とSDGsをつなげて考える」という視点を教えてくれて、深く納得しました。なるほど、仕事とSDGsをつなげられたら、仕事は日常で行なうものだし、大切な経済活動です。そこにSDGsをつなげられたら仕事にやりがいを持て、持続可能な地球に貢献して生きていくことができるな、と。

それなら、子どもたちの将来の夢とSDGsをつなげてみたらどうだろう？　バックキャスティングで考えたら、いま行なうアクションが導かれるのではないだろうか（じつはSDGs自体、この考え方なのです）。これを気候ネットワークのセミナー担当の深水敦子さんに話すと、喜んで賛同してくれました。また、それならばと気候ネットワークの環境教育チームのみなさんがファシリテーターとして、セミナー当日、子どもたちのワークを促進してくれました。コロナ禍でオンラインでの開催であり、ワークショップもブレイクアウトセッションを活用し、チームにわかれて行なうことができたのです。

エコアナウンサーとしての最大の目標は将来世代に持続可能な未来を届けること。私が生きている間に達成できるかどうか、わかりませんが、そのために動くみなさんを応援し続けることに変わりはありません。

私が持続可能な社会をジブンゴトにするきっかけとなった娘は、幸い、たいした病気も怪我もせず、陽気でおしゃべり好きの子どもに育ってくれました。二〇二一年四月、小学校に入学。コロナ禍が続いていますが、娘は元気に祖父母から贈られたランドセルを背負い、二年生になったいまも毎朝坂を上っていきます。ＳＤＧｓの目標達成年は二〇三〇年、娘が一五歳になる年です。

［補記］　本書を書き上げたあと、脱炭素チャレンジカップ二〇二三が開催されました（二〇二三年二月）。このときも私が司会を担当しています。詳しく触れることはできませんが、市民団体・自治体・中小企業・学生・特別養護老人ホームなど多様な主体が脱炭素に向けての取り組みを発表し、全国に共有したことを申し添えます。

あとがき

本書は、そもそも「娘に語るＳＤＧｓ」という思いから書きはじめました。一人のフリーアナウンサーがどのようにしてエコアナウンサーを自覚するようになり、ＳＤＧｓと出会うことになったのか。エコアナウンサーという目標が生まれ、ＳＤＧｓと出会うことで、ようやく自分の居場所を見つけることができたという私自身の歩みを、高校生くらいに大きくなった娘を想定して語りかけるように記すことは、ささやかにＳＤＧｓをジブンゴトする実践でもありました。

ＳＤＧｓを大上段から語ることは荷が重いことですが、大切な誰かに向けて、パーソナルなメッセージとして個人的に語ることは誰にでもできると思います。ＳＤＧｓを教材やツールとして、大切な人とともに生き方や考え方を考えたい。ＳＤＧｓは社会の羅針盤ですが、私たち自身の生き方の指針、拠り所でもあり得ると思います。ＳＤＧｓは遠いどこかにある、権威ある教科書ではなく、私たちの日々の生活とさまざまに接点をもつ共通の土俵なのです。

また、東北大学名誉教授で尚絅学院大学教授の長谷川公一先生は、私にこの本を書くことを勧めてくれ、「エコアナウンサーの生き方・来し方をＳＤＧｓ視点で捉えてみてはどうか」と助言してくれました。本書はこの問いかけに対して、うんうん唸りながら考えた結果でもあります。

考えてみれば、これまで多くの方が、ＳＤＧｓが採択される前から、ＳＤＧｓ的視点で各分野で尽力してきました。それぞれの人が生きてきた過程で、声高に叫ばずとも、学びや仕事を通して社会に関わり、貢献をして、生きています。私たちが生きてきた足跡とＳＤＧｓをつなげてみれば、ＳＤＧｓのアイコンとしてのわかりやすさが手伝って、これまで私たちがやってきたこと、いま活動していることの価値があらわれ、これからの行動の指針が見えてきます。

自分のこれまで行なってきたこと、考えてきたことを大切にしながら、ＳＤＧｓに貢献していくことができる、という伝え方もできます。これは、私たちそれぞれがいま持っている資本や価値を最大限に引き出し、活用していくことにつながるのではないでしょうか。

二〇一五年のＳＤＧｓ元年以前についても、ＳＤＧｓ的視点で捉えてみよう、そうすることで、過去からの学びを未来に活かすことができるのではないかというのが、この本を書きはじめた際の仮定でした。ひとつながりの時間のなかでＳＤＧｓのジブンゴト化を可能にし、持続可能な未来のジブンゴト化が可能になります。

ＳＤＧｓを自分自身のこと、自分の生活や問題意識の延長として捉えると、自分が行ないたいアクションが見えてきます。自分のアクションは他の人が考えてはくれません。ちょっと勇気が必要かもしれませんが、心を自由にして考えるのがコツです。楽しんで、制約を外して、自由に考えていいと思います。自分ひとりではむずかしいことも、ＳＤＧｓの目標を通してつながるステークホルダーや関係している人に声をかけて、いっしょに考えることだってできます。ＳＤＧｓを道具として使って、課題解決の道を進むことができるのです。

幸い、ＳＤＧｓの17の目標については、「海の豊かさを守ろう」のように、博報堂ＤＹホールディングスの川廷昌弘さんやコピーライターの井口雄大さんらのクリエイティブボランティアのご努力で、とてもわかりやすい日本語に工夫されています。17の目標だけでなく169のターゲットも読み込み、ＳＤＧｓをジブンゴト化することに役立ちます。どのキャッチコピーもイメージが湧きやすく、自分が行なっている、または自分が行ないたいアクションに対して、思考を狭めないコピーになっています。

エコアナウンサーとして思うのは、SDGsがすぐれた対話のツール（道具）、コミュニケーションの基盤だということです。世界共通のプラットホーム、土俵と言ってもいいかもしれません。SDGsは対話の出発点となりえます。こういったことが望ましい、二〇三〇年時点で実現していればいいなぁという点では合意できますね、というゆるやかな出発点です。具体的にどう踏み出すかは、それぞれの社会に委ねられています。陸のゆたかさを守ること（目標15）と、住み続けられるまちづくり（目標11）、働きがいも経済成長も（目標8）、産業と技術革新の基盤（目標9）、つくる責任つかう責任（目標12）、パートナーシップで目標を達成しよう（目標17）とどんどんつながって、一見関係ないように見える課題が、SDGsという土台の上においてみると、相互に関連していることがわかります。

SDGsには何か絶対的な正解がどこかにあるわけではありません。いっしょにこういう方向で考えていきましょうと、地球全体に、政府に、自治体に、企業に、学校に、人々に、対話を呼びかけているのです。

この本を読んでくださった方が、それぞれ自分の方法で、SDGsと個人的に親しくつながって、SDGsから学んだこと、得たものを語っていただけるならば、私にとって望外の幸せです。

この「あとがき」の冒頭に記したように、本書は「娘に語るＳＤＧｓ」という気持ちで書きました。結びにあたって、私の思いを綴ります。

未来へ娘へ

宇宙がうまれて１３８億年。
地球がうまれて45億年。
人類の祖先がうまれて６５００万年。
地球に命がうまれる確率はサイコロをふって１０億回同じ目が出たくらいの奇跡。
その上で
１人の人間がうまれる確率は１４００兆分の1。

パパとママの命は、あなたの命につながって、あなたの命を通じて、
遥かな未来につながっています。

おじいちゃんとおばあちゃんの命も、パパとママをつうじて、あなたにつながっている。

亡くなったひいおじいちゃん、ひいおばあちゃんの命も。

私が大好きだった、能代のおばさんの命も、あなたにつながっています。


点と点がつながり、線になり、面になり、立体になるように、人間も社会も歴史も、未来も、みんなつながっています。

地球はみんなつながっています。

地球儀を回したら、どこまで行っても地球には果てはない。

ずっと地上を歩き続け、空を飛び続けることができる。

鳥のように背中に羽がはえるといいなという紬の夢、叶うといいね。


地球は、太陽とも、月ともつながっている。

紬はつながり。

繊維をよって糸にすることが紡ぐってことです。

縦糸と横糸を織ると布になって大きな布を巻きあげると反物で、大島紬、結城紬、米沢紬、琉球紬。

土地土地のきれいな布地です。

紬はお蚕さんが吐いた糸からできる絹織物。


紬は友だちの、まおちゃん、りんちゃん、みんなとつながっているね。

おしゃべりする、じゃれあう、かけっこする、けんかや、話し合うすることでもつながっています。

暴力や戦争は絶対にいけない。


おはよう、こんにちは、ありがとう、さよなら、あいさつでもつながることができる。

笑う、泣く、ふくれる、みんなつながっている。


お米をつくる、じゃがいもを作る、牛を飼う、魚をつる、種をまく、木を植える。

品物を売ったり買ったり、欲しいものと欲しいものを交換して、人間はつながってきました。動物、植物、自然とのつながりも大切。

エコアナウンサーというママの仕事は、持続可能な未来に向けて、お互いの理解をみんなに呼びかけることです。

その思いを言葉の端にそっと忍ばせて。

みんなが持続可能な地球のために考えていること、行動していることを応援したいんだ。


つながりがある限り、未来は持続可能だとママは思う。

つながりを大事にすること、お互いを思いやることが、地球を壊さない、持続可能な未来を守る最大の秘訣だとママは信じている。


地球もあなたも奇跡がつながってうまれました。

本書を書き終えて、あらためて思うのは、エコアナウンサー櫻田彩子をかたちづくってくださったのは、私と関わってくださった方々のおかげだということです。みなさんに教えていただいたこと、ともに考えてくださったこと、感じたこと泣いたこと笑ったこと、そのすべてが私にとって宝物になりました。そう考えると、お礼を書ききることなど、かなうわけがありません。これからもみなさんにお礼を伝えつづけていきたいと思います。

とくに私が所属していた仙台のモックプランニングの岩田佳典さん、陰になり日向になり支えてくださるノースプロダクションの松田正明さん、社長の大橋伸一さん、何人ものマネージャーのみなさん、イベントやシンポジウム、番組などでお世話になってきた関係者みなさんに深くお礼を申し上げます。ありがとうございます。

最後に、本書の発行にあたり、「探求・発見」の視点をご教示くださった本の泉社前代表の新船海三郎さん、明るく応援してくださる現代表の浜田和子さん、そして編集を担当してくださった井上一夫さんに感謝の意を表します。岩波書店で四〇年のキャリアを積まれ、作家でもある井上さんにご担当いただけたことは天からの恵みであったと感じます。また、イラストを描いてくださった前枝麻里奈さんは私の心情をあたたかく優しく表現してくださり、感動しました。心からお礼申し上げます。ありがとうございました。

本書に登場する関係団体および関係機関（登場順）

- **公益財団法人 みやぎ・環境とくらし・ネットワーク（MELON）** 3,36-37,71
  https://www.melon.or.jp/
- **合同会社 のしろ家守舎** 22 https://noshiroyamori.com/
- **特定非営利活動法人 せんだい・みやぎNPOセンター** 44 https://minmin.org/
- **特定非営利活動法人 サステナビリティ日本フォーラム** 47,74-75,124,133-134,152
  https://www.sustainability-fj.org/
- **全国地球温暖化防止活動推進センター（JCCCA）** 72 https://www.jccca.org/
- **特定非営利活動法人 気候ネットワーク** 73,127
  https://www.kikonet.org/
- **株式会社クレアン** 74 https://www.cre-en.jp/
- **特定非営利活動法人 ハウスキーピング協会** 76-78
  https://housekeeping.or.jp/
- **EPO東北（東北環境パートナーシップオフィス）** 94
  https://www.epo-tohoku.jp/
- **特定非営利活動法人 ウィメンズアイＷＥ** 96 https://womenseye.net
- **一般社団法人 地球温暖化防止全国ネット** 108 https://www.zenkoku-net.org/
- **国連広報センター** 114,153 https://www.unic.or.jp/
- **一般社団法人 Think the Earth** 124-126,192 https://www.thinktheearth.net/jp/
- **容器包装の３Ｒを進める全国ネットワーク** 138-139
  http://www.citizens-i.org/gomi0/
- **文京区地球温暖化対策地域推進協議会** 141
  https://www.city.bunkyo.lg.jp/bosai/kankyo/kyogikai/R4ondankakyogikai1.html
- **文京区リサイクル清掃審議会** 141
  https://www.city.bunkyo.lg.jp/tetsuzuki/recycling/shiryou/shingikai.html
- **株式会社 東京・森と市庭** 145-146 https://mori2ichiba.tokyo.jp/
- **松隈地域づくり株式会社** 173 https://www.pref.saga.lg.jp/kiji00379886/index.html
- **宮城県農業高等学校　環境保全部** 173-174 https://miyanou.myswan.ed.jp/
- **小中高生グループ ECOHONU** 173,175 https://www.city.nanjo.okinawa.jp/
- **NPO法人 Class for Everyone** 173,175-185 https://class4every1.jp/
- **株式会社 竹中工務店** 173,175,185-191 https://www.takenaka.co.jp/

マ行

ヤ行・ラ行・ワ行

タ行

ナ行

ハ行

索引

検索の便宜のため、本書に登場する人名およびキータームを中心に作成した。ただし、本書全体を通じて頻出する用語は省いた（「SDGs」「エコアナウンサー」「気候変動」など）。

なお、関係団体及び関係機関名は一覧できるよう、索引末に一括し、合わせてURLを表示した。

ア行

カ行

サ行

櫻田 彩子（さくらだ あやこ）

静岡県藤枝市生まれ。秋田県能代市、宮城県仙台市で育つ。仙台ミヤギテレビで天気中継を担当し、フリーアナウンサーの道を歩む。エコロジーと持続可能な社会のためのエコノミーを応援するエコアナウンサーとして活動。「脱炭素チャレンジカップ」ではその前身である「低炭素杯」大会を含め、15 年にわたって司会を務めている。また、さまざまな社会活動にかかわっており、認定 NPO 法人「気候ネットワーク」理事、一般社団法人「Think the Earth」理事、特定非営利活動法人「サステナビリティ日本フォーラム」運営委員 / 事務局次長など。

エコアナウンサー® 櫻田彩子公式ホームページ（eco-announcer.com）

私(わたし)はエコアナウンサー　～SDGsをジブンゴトに～

2023年4月30日　初版第1刷発行

著　者　櫻田彩子
発行者　浜田和子
発行所　株式会社 本の泉社
〒112-0005　東京都文京区水道2-10-9　板倉ビル2階
TEL：03-5810-1581　FAX：03-5810-1582
印刷：音羽印刷株式会社
製本：株式会社村上製本所
DTP：杵鞭真一

ISBN 978-4-7807-2239-0 C0036